怪情绪心理学
做自己情绪的旁观者
Guai Qingxu Xinlixue

方向苹◎著

中国华侨出版社

图书在版编目(CIP)数据

怪情绪心理学：做自己情绪的旁观者 / 方向苹著.—北京：中国华侨出版社,2014.1（2021.4重印）

ISBN 978-7-5113-4404-5

Ⅰ.①怪… Ⅱ.①方… Ⅲ.①情绪–自我控制–通俗读物 Ⅳ.①B842.6-49

中国版本图书馆 CIP 数据核字(2014)第022336号

怪情绪心理学：做自己情绪的旁观者

著　　者 / 方向苹
责任编辑 / 严晓慧
责任校对 / 王　萍
经　　销 / 新华书店
开　　本 / 787毫米×1092毫米　1/16　印张/17　字数/270千字
印　　刷 / 三河市嵩川印刷有限公司
版　　次 / 2014年5月第1版　2021年4月第2次印刷
书　　号 / ISBN 978-7-5113-4404-5
定　　价 / 48.00元

中国华侨出版社　北京市朝阳区静安里26号通成达大厦3层　邮编:100028
法律顾问:陈鹰律师事务所
编辑部:(010)64443056　　64443979
发行部:(010)64443051　　传真:(010)64439708
网址:www.oveaschin.com
E-mail:oveaschin@sina.com

前言

对于普通人来说，心理学是晦涩的、神秘的、艰深难懂的，但是又充满了吸引力。而情绪，却是我们熟悉的、司空见惯的。这是不是说，心理学是我们难以掌握的，而情绪是非常好把握的？

非也！情绪是心理的外在反应，心理是情绪的内在动因，了解情绪并不见得了解情绪产生的动因，了解心理也并不代表能掌控人的情绪，情绪不好掌控，心理亦难捕捉。

在现在这个复杂、多变、节奏快的社会，人的情绪似乎也是这样的，越来越复杂，越来越怪异，表现形式越来越多，负面情绪偷袭人的频率越来越高，伤感、空虚、心烦、恐惧、失落……各种负面情绪包围着我们，缠绕着我们，它们出现地莫名其妙，让我们难以理解，因此我们总是不由自主地对他人说：

"你真怪，怎么总是莫名其妙这样……"

是，我们已经无法从表面来判断他人的怪情绪了，我们甚至都认不清自己的情绪，所以，更无从把握他人和自己的心理。这已经严重影响了我们的生活。人终日生活在各种各样的情绪中，却不知道自己的情绪因何而生，情绪背后的心理是怎样的？心理决定了情绪，而情绪又影响了人的心理，如何让它们有个良性的互动和循环？

这些问题该如何解决？或许，您打开这本书，一切自有答案。

情绪和心理每天都在和人做伴，而这两者又是被人研究了又研究的问题，但永不过时，永远不会研究透。新时代下，情绪和心理又有了许多新的内涵，人又有了许多新的困惑、新的问题等待解决。

本书正是您的及时雨！

虽然，在本书中我们历数了许多负面情绪，但是我们力求不让负面情绪充斥其中，而是温情诉说，循循善诱，一针见血地指出病因，并给予具体可行的建议，希望您听了不伤感，读了很温暖，看了马上就有用处。

而我们的语言风格简洁、明快、唯美、现代，让您单单品味文字就是一种美的享受。那么，就让我们一起来识别人的怪情绪、探究人莫名其妙的心理吧。

CONTENTS 目录

第一章 为什么有时候会莫名其妙地伤感

每个人的心中都有一些难以修复的 Bug / 002
不是因为放不下，而是因为又重新拿起 / 006
是不是这样的夜晚，我才会这样地想起你 / 010
物是人非，我必须删除记忆 / 014
你永远不会懂我，就像白天不懂夜的黑 / 017
当狂欢散去，伤感总是突然而至 / 021

第二章 为什么有时候会莫名其妙地空虚

当生活成了混日子 / 026
似浮萍随波逐流 / 030
拔剑四顾心茫然 / 034
陌生的城市何处有我的期盼 / 037

第三章 为什么有时候会莫名其妙地心烦

思绪混乱，毫无章法 / 042
怎么办？怎么办？怎么办？ / 046
赚钱不容易 / 049
总有一些事情让人无能为力 / 052
你为什么总是对我不满意 / 055

第四章 为什么有时候会莫名其妙地恐惧

特定对象恐惧症 / 060

那些消极的心理暗示 / 063

恐惧源于不可控 / 067

患得患失的心情如此强烈 / 071

未来会怎样，究竟有谁会知道 / 075

第五章 为什么有时候会莫名其妙地失落

期望落空必定失落 / 080

当一路繁华突然谢幕时 / 083

谢谢你赠我一场空欢喜 / 087

当一种习惯被打破 / 091

我需要一种被需要的感觉 / 095

第六章 为什么有时候会莫名其妙地生气

身体不舒服，心情也会不好 / 100

像有一件事堵在心头 / 103

我是故意生气的 / 107

生气源于人的性格 / 111

第七章 为什么有时候会莫名其妙地心累

漫漫长路何处才是尽头 / 116

总是想着如何才能成功 / 120

物质的追求永无止境 / 124

想这么多，累不累啊 / 127

原来，你是个完美主义者 / 131

第八章　为什么有时候会莫名其妙地纠结

一生的难题——选择 / 136

你到底想要什么 / 140

你不止一个自我 / 144

在现实和理想之间徘徊 / 147

第九章　为什么有时候会莫名其妙地自卑

天下无人不自卑 / 152

总拿自己的短处和别人的长处比 / 155

自卑来自于挫折和失败 / 159

第十章　为什么有时候会莫名其妙地沉默

有时语言是那么苍白无力 / 164

沉默是一种有效的武器 / 168

沉默是离别的前奏 / 173

第十一章　为什么有时候会莫名其妙地爱上Ta

爱情就是这么莫名其妙 / 178

没有什么原因，就是投缘 / 183

那一种感觉似曾相识 / 187

他身上有一种难以言说的魅力 / 190

你只是爱上了你的"另一半" / 193

第十二章　为什么有时候会莫名其妙地想独处

没什么，我就喜欢一个人待着 / 198

我只是有问题需要好好想一想 / 201

热闹太久，我需要独处来平静一下 / 204

第十三章 为什么有时候会莫名其妙地孤独

人生来就是孤独的 / 210

高处不胜寒，曲高多和寡 / 214

孤独，也是一种享受 / 218

第十四章 为什么有时候会莫名其妙地被控制

爱让我不由自主地被控制 / 222

只有摆脱内心的虚弱才能摆脱控制 / 226

有时被控制并不代表不幸福 / 229

第十五章 为什么有时候会莫名其妙地厌世

有些"为什么"永远不能问 / 234

心无所寄，生命必将空虚 / 238

当绝望感吞噬了你 / 241

我把自己弄丢了 / 245

第十六章 为什么有时候会莫名其妙地嫉妒

为什么你比我强 / 250

我的优越感被你破坏了 / 254

你拥有了我想拥有的东西 / 257

第一章

为什么有时候会莫名其妙地伤感

伤感似乎是一种唯美的情绪，因为这种情绪并不轰轰烈烈，它总是淡淡的，一样东西、一首歌曲、一句话，就会引起人的伤感，人爱品味伤感，因此创造了无数伤感的句子。但伤感似乎又是一种最痛的情绪，因为它总是伴随着伤心，而且总是不打招呼随时随地而来，只要人的心灵稍微疏于防范，它就会无声无息地侵入。它发生的频率非常高，所以，即便它是淡淡的，也给人的心灵带来了莫大的伤害。就像那首歌唱的那样："淡淡的忧，淡淡的愁，淡淡的眼泪悄悄流。"但是，人为什么会莫名其妙地伤感呢？

每个人的心中都有一些难以修复的 Bug

总是会在某个时候，或是某次旅行的途中，或是和朋友的一次聊天，或是某场电影、某句台词，抑或是午夜时分、早晨醒来，你的情绪突然从云端跌落谷底，伤感莫名其妙袭来，内心酸楚，眼睛湿润，连你自己都觉得奇怪："我这是怎么了？"朋友也不解："是什么又触动了你敏感的神经？"

是什么导致了伤感情绪的不约而至，是某个环境，某个人，还是某件事？好像是，又好像都不是。为什么那个环境没有触动你，而这个环境却触动了你？为什么那句台词没令你伤感，而这句台词却犹如一把剑一样刺中了你的心房？为什么这些无法中伤别人，却唯独伤害了你？

真正的原因其实是：你心中有难以修复的 Bug！

什么是 Bug？是指在电脑系统或程序中，隐藏着的一些未被发现的缺陷或问题，用一个专业一点的名称来说就是——漏洞。当电脑系统中有了漏洞，病毒就会入侵。

那么，Bug 和人有什么关系？其实，人心中也有漏洞。有的漏洞很小，可以忽略不计；有的漏洞随着时间的流逝，可以慢慢修复，时间就是最好的修复工具；而有一些漏洞有时看似修复好了，但过一段时间又会冒出来，这些漏洞非常顽固，堪称"高危漏洞"。如果是电脑，只有一个办法可以修复这些"高危漏洞"，那就是——重装系统。可惜，人打娘胎出来之后便无法回去，所以，人心中的某些"漏洞"永远无法修复。

人心中的这些漏洞——Bug 到底是什么？其一，指的是我们内心深处那些难以平复的伤害，难以愈合的伤疤，难以释怀的往事；其二，指的是我们性格中的一些弱点。这些伤害和弱点盘踞在我们心中不肯离去，在某个时刻，勾起我们的回忆，激起我们的情绪，引起我们的伤感——莫名其妙的伤感就是这么来的。当你无法理解自己或身边人莫名其妙的伤感时，其实，是不知道在自己或他人心中有一个难以修复的 Bug。

叶彤早上醒来，呆呆地看着窗外，天阴沉沉的，她走到窗边，轻轻打开窗户，一股冷风"嗖"地蹿了进来，她不禁打了个寒颤，连忙关上了窗户，又坐回被窝里。就这么一会儿，手脚已经冰凉，她用双臂紧紧地抱着自己，就好像此刻有人抱着她一样，但是，抱得愈紧，她却感到愈发冷了起来，心中一种难言的伤感迅速包围了她。

她不由自主在心中唱起了那首歌："每个人的心中都有一幅幸福的地图，无论如何我都一定要回到你身旁。我要爱就直奔你方向，我要梦想抱你个满怀，无论路上遇到多少荆棘和障碍，我都不怕。我存在就为了你的爱，你已经都活在我心海。每一天睁开眼，看你和阳光都在，那就是我要的未来……"

可是，唱到这里，她却停住了，"阳光不在，你也不在，未来还在吗？"伤感开始在她心中蔓延开来……

多久了，她不曾唱过这首歌；多久了，她不曾想起他；多久了，她不曾想过过去、现在和未来……她把冰凉的双手移到被窝里，环抱住膝盖，多久了，不曾有温热的相拥。她知道，他已离去，属于她的，只有阴沉的天气和空荡的屋子。

她以为，她早已忘记，可伤感还是在这个早晨莫名其妙地拜访。脑中浮现出他灿烂的笑容，以及他轻柔的歌声："每一天睁开眼，看你和阳光都在，就是我想要的未来……"叶彤的嘴角露出了丝丝微笑。可是，紧接着，他刺耳的"够了，我们分手吧！"的喊叫声以及重重的摔门声在她耳边响起来……叶彤的心中仿佛被什么扎了一下一样，她闭上眼睛，两行液体流到了她的嘴角，咸咸的……

如叶彤一样，每个人心中都有一些难以释怀的往事，我们以为自己已经忘记了，但它却在某个时候不经意地浮上心头，令我们莫名其妙地伤感，这才发现，伤害还隐藏在内心的最深处。就像伤口已经愈合，疤痕还在，遇到了某种外力，碰到了伤口，依然疼痛。

这些伤害成了我们心中难以修复的Bug，但是，这还不是我们心中最大的Bug，毕竟，伤害属于过去，引起的伤感还是小的、短暂的。而我们性格中的弱点才是我们心中最大的Bug，而且正是这些弱点才导致我们受到了某些人、事、物的伤害，并且有可能在将来继续给我们带来伤害，引起我们的伤感。

说到我们性格中的弱点，很多人都觉得这一定是我们性格中的缺点。不全是！有时，性格中的优点也可以成为我们性格中的Bug。

例如一个人单纯、善良、重情，这些都是优点，但某些人或事就会有意或无意地利用我们身上的这些优点来伤害我们。比如有的人结束了一段感情，就如拍拍身上的灰尘一样，把过去的那段感情像弹灰尘一样"弹"掉了。而某些重情的人爱也不容易，忘也不容易，因此总是会在某些时刻莫名其妙、不由自主地伤感起来。所以，重情就成了你的Bug。

但是，缺点更容易成为我们心中的 Bug，例如林黛玉敏感、多疑、情绪化，生活中一点点的细微波动都会引起她的伤感。敏感、多疑、情绪化这些缺点就成了她性格中的 Bug。为什么林黛玉会这么容易伤感？为什么林黛玉的性格在他人看来这么怪？正是因为林黛玉心里有一些难以修复的 Bug。

这些 Bug 为什么这么难以修复呢？因为这些 Bug 是骨子里的，是与生俱来的。就算我们明明知道心中有这些 Bug，却无法避免这些 Bug 给我们带来的伤害。就像很多时候，我们明明知道这样做会更好，但在遇到事情时还会犯同样的错。我们常说"如果"，但如果让你回到"如果"，你还会选择同样的路。因为，这是由你心中的 Bug 决定的。

每个人心中那些难以平复的伤害，那些难以释怀的往事，那些性格中的弱点，构成了我们心中永远难以修复的 Bug，这些 Bug 就是我们心中的漏洞，而伤感就如病毒，就如木马，时不时侵入我们心中，让我们防不胜防，莫名其妙地伤感起来。

那么，对这些难以修复的 Bug，我们应该怎么办呢？不予理睬吗？那漏洞就会越来越大，将来引起的伤害和伤感将会无以复加。所以，Bug 即使难以修复，我们仍然不能坐以待毙，而是应该想办法将 Bug 引起的伤害和伤感降到最低。该如何做呢？

1. 预知 Bug，预估结果

Bug 的可怕之处并不仅仅在于它的难以修复，而在于好多人有 Bug 却并不自知，因此才会因 Bug 而受到伤害，才会莫名其妙受到伤感的侵袭。因此，要了解自己，知道自己内心有什么样的 Bug，以及这样的 Bug 可能会给自己带来什么样的伤害和伤感，那么，当伤害真的来临时，因为提前有了心理准备，因而不至于让伤感淹没了自己。

2. 让 Bug 变得越来越小

漏洞难以彻底修复，但在我们有意识的克服之下，它还是可以变小的。例如你的Bug是敏感、多疑、患得患失，那么请时不时地提醒自己："别这么敏感，别这么患得患失，也许什么事儿都没有。"在你有意识的控制之下，你心中的漏洞或许就没那么大了，由此带来的伤感也就没那么严重了。

人的情绪就是这么怪，但再怪的情绪也能找到缘由；我们的伤感总是来得这么莫名其妙，但再莫名其妙的伤感也有其对应的Bug；我们心中的Bug是这样难以修复，但再难以修复的Bug也能提前预知、预防和控制。伤感虽然不能完全避免，但可以将它降到最小。

不是因为放不下，而是因为又重新拿起

我们常说，做人做事要拿得起，放得下，这样才能快乐。但拿得起放得下并非易事，拿得起，那需要勇气；放得下，那需要智慧。既有勇气又有智慧，谈何容易！因此，无数的心灵鸡汤、佛学禅宗循循善诱地劝解我们——要拿得起，放得下啊。

比起"放不下"来说，"拿得起"似乎容易一些，因为人都有贪念，或贪恋物质，或贪恋名利，或贪恋幸福，在这种贪念的驱使下，人即使害怕有不好的结果，也会不顾一切地拿起来。例如创业很可能会失败，但在成功欲念的驱

使下，我们还是会赌一把；例如面对一份感情，我们是如此的犹犹豫豫、惴惴不安，不敢轻易拿起，生怕有一天会失去，但幸福在前方若隐若现，我们如飞蛾扑火般地拿了起来。

可是，当事业挫败，恋人离开的那一天，你能放下曾经的付出吗？你会无数次啃噬自己的伤口吗？"放不下"的情结会一次次地折磨你的身心，带给你挥之不散的伤感吗？

是的，"放不下"是如此之难，无数人纠结在"放不下"的情结里无法自拔，无数人因为放不下而忍受着伤感的侵袭。我们都是凡夫俗子，有几个人能有超凡的智慧，让自己在顷刻之间放下一切？那一条条心灵鸡汤或佛学禅宗此时似乎一点都不灵光了。

但是，放不下也不是最可怕的，最可怕的是已经放下了，又重新拿了起来。也许，你无法理解这句话，那就让我们来看看下面这个故事。

不知道该怎么形容我现在的心情，开心吗？当然，应该开心，因为我又恋爱了。可是，我心里却并不是那么轻松，种种隐忧总让我有些许伤感。伤感什么呢？我在微博上写下这句话：不是因为放不下，而是因为又重新拿了起来。

我知道，没有几个人能理解这句话。因为大家都认为难做到的是放下，其实，更难做到的是已经放下了，却又再次拿起。

过去的经历，所受过的伤害，经过时间的稀释，渐渐在我的心中淡化，现在，我终于能够彻底放下了。可是，又一个人闯入了我的生活，我的心再次泛起了涟漪，我又惊又喜，我还能爱，但是我不敢再轻易拿起，因为再次拿起比当初放下需要更大的勇气。

虽然我是如此地害怕拿起，但对爱的渴望让我无法阻止自己再次拿起的冲动。恋爱依然是甜蜜的，但在甜蜜的过程中，淡淡的伤感始终伴随着我——不知道这次能不能开花结果，不知道有一天自己是不是又要被迫放下……

不是因为放不下，而是因为又重新拿起，没有这种经历的人一定不懂这句话。爱是双刃剑，幸福的同时总是伴随着些许痛苦和伤感：误解、摩擦、纷争，担心因为种种原因有一天会失去的隐忧，拿起的同时，伤感就伴随着自己。

当然，这句话也可以有另外一种解读：有些事情长时间没有再想起，再提起，以为自己早就已经忘记，已经放下，却在某一天某一刻发现自己又想了起来，于是，伤感又莫名其妙地包围了自己。这些无法彻底放下的往事，就像自己内心深处一个不易察觉的 Bug，不知道会在什么时候让自己再次变得伤感。

拿不起，放不下；放下了，又再次拿起；再次拿起，又担心再次失去……在这样的循环中，我们的心情始终在平静和纠结中轮回，在甜蜜和伤感中反复，这样的日子不好过，我们想日子过得简单些、平静些、快乐些，伤感少一些，可如果总是在放下、拿起，放不下、拿不起之间徘徊，心情怎么可能轻松呢？

我们需要找到治愈自己心情、让自己不再伤感的办法。

1.拿起的时候就应该告诉自己看淡结果

之所以不敢拿起，之所以拿起了又为有一天有可能必须放下而伤感，皆是因为太在乎结果。这样说并不是说结果不重要，并不是让我们不在乎结果，而是正因为结果重要，我们才更要看淡结果。

无论是做一件事情还是谈一段感情，我们都期望有一个好的结果。但越是紧盯着结果，越是无法好好经营这件事情，无法好好享受过程，在过程中紧张、担忧、胡思乱想、充满隐忧，伤感的情绪始终弥漫其中，这样的处理方法自然影响事情的走向，事情更容易偏离你渴望的轨道。

因此，不妨在拿起的时候就告诫自己：别那么重视结果，只有经营好过程，才可能有好的结果。尤其是对一份感情来说，只有在相处的过程中给对方最舒服自然的感觉，对方才有信心给你一个结果。既然拿起了就要有勇气面对将来的一切，不管将来是放下还是不需要放下，越坦然结果越好。

2.偶尔的拿起并不影响最终的放下

放下不容易，所以，不要勉强自己一定要在某件事情结束后就立刻放下，我们是人不是神，都有情绪反复的时候，不要强迫自己忘记某些人和事，偶尔想起的时候回味一下，伤感一会儿，并不是什么不可原谅的事情。偶尔的拿起并不影响最终的放下，真正的放下需要时间，时间会让你成长，会让你淡忘，会让你最终放下。

无论是拿起还是放下，或是拿不起也放不下，我们都在这个过程中学着成熟和长大，或许伤感会穿梭其中，但这是成长必须付出的代价。

是不是这样的夜晚，我才会这样地想起你

"结束忙碌的一天，换回熟悉的寂寞，懒懒地躺在沙发上，像母亲温暖臂弯。转到昨天的频道，让声音驱走寂静，总是同样的剧情，同样的对白，同样的空白。是不是这样的夜晚你才会这样地想起我，这样的夜晚适合在电话里，只有几句小心的彼此问候，系着两端的猜测，是这样的夜晚想起我……"

蜷坐在沙发里，听着这首歌，我又开始不可抑制地想你了。似乎只有这样的夜晚我才会这样地想起你，但是，这样的夜晚，你会一样地想起我吗？

夜，寂静得可怕，仿佛能听到自己的心跳声"咚，咚，咚……"，一声一声地诉说着"想你，想你……"。我点上一支烟，狠狠地抽了一口，烟雾缭绕中，我又一次被回忆击倒。手指传来一点点香烟的热度，就是这一点点热度，让我还在燃烧着。我不想在伤感中沉溺，只是习惯了在难过的时候把往事搬出来聊以自慰。你，早已不再爱了，我知道；我，还在爱吗？不知道。

这是一份绝望的期待，在这份绝望的期待中，伤感总是不期而至。白天我将它隐藏得很好，夜晚，我才将它轻轻抖动。在这样的夜晚，似乎只有音乐、香烟、啤酒才能稀释我心中深不可测的思念。但是，理智终于没能抵挡住思念的潮水，我用颤抖的双手拨通了那个熟悉得不能再熟悉的号码。

"喂!"声音一如以前那样温柔。

我的心跳得更厉害了:"你好,是我,你还好吗?"

"我……还好,你呢?"

"我……一样。"

然后各自都沉默了。

我首先打破了这种沉默:"没什么,只是想你了,想听听你的声音,知道你好就行……再见!"

"好,再见!"

放下电话,这才发觉,眼泪不知什么时候已经涌上了眼眶。电脑里,那首歌仍然不知疲倦地循环播放:是不是这样的夜晚你才会这样地想起我,这样的夜晚适合在电话里,只有几句小心的彼此问候,系着两端的猜测……

许多人都有过这样的体验,白天谈笑风生,镇定自若,情绪稳定,可一到了夜晚,伤感的情绪便莫名其妙包围了自己,使我们不由得发出这样的感叹:"是不是这样的夜晚我才会这样地想起你?"

是的,夜晚是个适合思念的时候,某个人、某件事总是会在这个时候在我们的头脑中反复播放,夜晚的我们因此也最容易受到伤感的侵袭。白天的忙碌使我们无暇伤感,夜晚的寂静使我们对伤感的免疫力降低。夜晚,让人变得脆弱。

是什么原因呢?或许是因为,夜晚,我们不需要再面对他人,所以我们卸下了所有的伪装,敢于面对真实的自己,是夜晚的安静,让我们听清了心底的呼唤;也或许是因为,夜晚,我们模糊了太阳下的理性,我们不需要再做白天那个坚强的超人,我们承认自己的脆弱,自己的感性,自己的寂寞。

有些话,我们白天一定不敢说;有些电话,我们白天一定不敢打;有些情绪，我们白天一定不敢肆虐；有些眼泪，我们白天一定不敢流……是夜晚，让我们变得如此伤感，夜晚，是那么蛊惑人心。

在适合的时间，在安全、放松的空间，人才会释放自己的情绪，这符合人的心理特点。因此，在夜晚，我们特别容易伤感。你会觉得自己是这么地莫名其妙："白天我还是个热爱生活、积极向上的乐观主义者，到了晚上，我的情绪怎么这么低落？"

不止是自己，也可能在某个夜晚，你突然接到一个朋友的电话："我的心情糟糕透了，好想哭……"弄得你莫名其妙，他白天还笑颜如花，到了晚上情绪怎么就急转直下？

其实，正是夜晚，夜晚让人变得脆弱。人就是这样，不可能永远用乐观去武装自己，白天我们用快乐来伪装自己，晚上我们用伤感来放松自己，偶尔的脆弱其实是一种平衡。所以，千万别怪自己和他人夜晚十分莫名其妙的伤感是多么的情绪化，情绪本身就是一种很怪的东西，要试着学会包容自己和他人偶尔的莫名其妙的伤感。

1.我们可不可以不勇敢

你听过范玮琪的《可不可以不勇敢》吗？"我们可不可以不勇敢？当伤太重心太酸无力承担，就算现在女人很流行释然，好像什么困境都知道该怎么办。我们可不可以不勇敢？当爱太累梦太慢没有答案，难道不能坦白地放手哭喊，要从心里拿走一个人很痛，很难……"

是的，我们可不可以不勇敢？我们可不可以不装坚强？当伤感来袭的时候，就让我们脆弱一下，神经总绷着总有一天会崩溃。就在这个安静的无人窥探的夜晚，肆无忌惮地大哭一场，让泪水冲刷掉我们心中的郁结，等天亮了，我们依然可以神情自若甚至光彩照人面对一切。我们不需要时时刻刻坚强，软弱一下，重新出发！

2.倾诉是驱走伤感的最佳途径

在夜晚的时候，人最容易脆弱和敏感，纤细的神经似乎一碰就要断，好多好久不曾纠结的事情此时又变得纠结，好久不曾有过的心痛又在搅动自己的五脏六腑，这个时候的伤感犹如一场倾盆大雨让自己无处可躲。

怎么办？拨通你最好的朋友的电话吧，或者把他约出来，或倾诉，或哭泣，或疯闹，总之，找个人陪你，一个人伤感，伤感只会越来越重，有人分担，伤感就会少了许多，让朋友的细雨温柔或忠言逆耳驱走你心中的伤感。

或者把你伤感的情绪写下来，当伤感的情绪由心中流落笔尖，似乎也达到了倾诉的目的。

总之，当伤感的情绪在夜晚来临时，千万不要坐以待毙，任由自己沉溺其中，那会让你身心俱损，不管采用什么方法，把它发泄出来，之后你会感到舒服多了。伤感虽然有时非常莫名其妙，不请自来，无法抗拒，但来了我们也可以让它走。

物是人非，我必须删除记忆

"风住尘香花已尽，日晚倦梳头。物是人非事事休，欲语泪先流。闻说双溪春尚好，也拟泛轻舟。只恐双溪舴艋舟，载不动许多愁。"这是李清照的诗句，通篇充满了伤感的情绪。

为什么伤感？因为物是人非。

当我们回忆起往事时，常常会有这种感觉，昔日的景还在、物还在，但人已不在，那人的一颦一笑、一嗔一怒、一回头一低眸都已不再，这一切都留在了回忆中。

是的，当拥有的一切都变成了曾经的过往，怎能不令人伤感？

当昔日的好友各奔东西，曾经的谈笑风生、青春岁月、点点滴滴都成了美好的回忆；当昔日的恋人分道扬镳，曾经的甜蜜欢笑、爱恨情仇、点点滴滴都成了痛苦的回忆；当最爱自己的亲人离自己而去，曾经的照顾关爱、血浓于水、点点滴滴都成了心酸的回忆……看着他们曾经住过的房子、睡过的床榻、穿过的衣服、用过的物件、送给自己的礼物……一切都还在，只是人已不在，情已不再，所以，看着这些，心中更觉伤感。

"物是人非事事休，欲语泪先流"，什么都不要再提，什么都不忍再看，什么都不敢再想，因为想起来，就想流泪；想起来，就倍觉伤感。

伤感是一种关于时间的失意感觉，一草一木，一花一鸟，总是叫人随着它们回到过去。但是，回到过去的只是记忆，人回不去了，情感回不去了，"人面不知何处去，桃花依旧笑春风"，桃花依旧笑得灿烂，但人心呢？更觉伤感。

只有经历过失去的人才能感受这种伤感，亲情、友情、爱情，是这样让人难舍难分，难以忘记，难以放下。只要看到曾经熟悉的东西，都能勾起自己的回忆，那回忆，有欢笑、有甜蜜、有痛苦，无论是什么，都让人的眼眶湿润，内心酸楚。

这是我们曾经来过的公园，在这里，我们开始了第一次约会；这是我们曾经坐过的椅子，在这里，我们第一次互诉衷肠；这是我们曾经漫步过的街道，在这里，我们第一次牵手；这是我们躲过雨的屋檐，在这里，我们第一次相拥亲吻……

每一个地方都还留着我们的欢声笑语，今天，我再一次走一遍我们曾走过的每一个地方：商场、电影院、地铁站、江边、大排档……来到这里，我仿佛看到你还陪在我身边，和我吵着、闹着、笑着、叫着……都是甜蜜的回忆，都是欢笑的日子。

可是，这些日子都一去不复返了，物是人非，所有的一切都还在，但你离开我了，这些片段都成了记忆里的碎片，这些碎片一片片割裂着我的心，我多么想把这些碎片都删去，删去记忆，删掉过去。

我必须删去记忆，即便过去是那么的快乐和幸福，可我也想删去记忆，因为往日的甜蜜在今天都成了痛苦的折磨。如果不能天长地久，我宁愿从未拥有过。但是现在，拥有变成了曾经，如果曾经不是那么甜蜜，现在也不会那么伤感。

"回忆并不全是痛苦的经历，相反，那可能是一段非常甜蜜的时光，但最伤心的回忆并非来自痛苦的经历，而是那些无法再现的幸福时光。"让人感到伤感的不是回忆，而是一切都已过去，我必须要删除记忆，把自己从记忆中连根拔起，才能真正告别过去。

当你和某人之间只剩下回忆，那么回忆只能带来伤感，如果过去非常痛苦，那么现在不去想倒也罢，偏偏过去充满了欢笑，令你难以割舍，多么想再拥有曾经的幸福，多么想让这种幸福继续，但是……

你就陷在这样的情绪中无法自拔，除了伤感还是伤感，能给你带来什么呢？无论过去是美好还是痛苦，人都不能活在过去。如果过去是美好的，如果这份美好在未来还能继续，我们就保留这份美好的回忆；如果这份美好只能停留在过去，我们也要感谢生命的赐予，但不要贪恋过去，贪恋只会让你更加伤感；如果过去都是痛苦的往事，那么，就快刀斩乱麻，挥剑斩情丝，一刀断了过去，或许这样会让你很痛，但，长痛不如短痛。

但是，如何才能断了过去？

1.往事不要再提

"往事不要再提，人生已多风雨，纵然记忆抹不去，爱与恨都还在心底，真的要断了过去，让明天好好继续……"张国荣的歌声告诉我们，物是人非，纵然记忆再抹不去，也必须要断了过去，删除记忆，明天才能好好继续。

往事不要再提，不要再和他人一遍遍地诉说，也不要再在日记里一遍遍回忆，更不要在内心一遍遍咀嚼，这只能强化你的记忆，不要再提起，把它尘封，渐渐地淡忘，才会让你不再伤感。

2.远离引起你伤感的"物"

所谓"触景伤情"，要想不伤情，就只有离开令你伤情的情境，远离令你伤感的东西，不要再回到过去的场景，也不要再拿着某件东西反复追悼过去。想远离伤感，就先远离引起你伤感的所有一切。

当物是人非，必须删除记忆的时候，谁心中都会伤感。谁都希望天长地久，但现在只能曾经拥有，我们抱着伤感不撒手，那就是和现实过不去，更是和自己过不去。生活中总是有很多不如意和无奈,接受吧,这是让你的内心得到平静的开始。

当"人已非","物是"也不再有什么意义,可以用来怀念,但不要用来自虐,抽离过去,挥别伤感,才能投入现在和未来。

你永远不会懂我,就像白天不懂夜的黑

陈琦和男朋友在网上聊天:

陈琦:"在干吗?陪我说会儿话。"

男朋友:"说什么啊,不是刚刚见过面嘛。"

陈琦:"刚刚见过面就不能说说话啊。"

男朋友:"你们女人啊,总要男朋友时时刻刻陪着,我还有别的事儿做呢。"

陈琦:"你在做什么?下班了,还有多重要的事儿做?"

男朋友:"炒股票啊,研究基金啊。"

陈琦:"你什么时候能研究研究我的心情,在乎一下我的喜怒哀乐?"

男朋友:"我不在乎你吗?"

陈琦:"在乎我就早点结婚。"

男朋友:"不是跟你说了,我需要多赚钱,多积累些物质基础,才能谈婚姻。立业方能成家,这和你说过多少遍了。"

陈琦:"我也跟你说过很多遍了,我不需要你赚很多钱,不需要你事业多么成功,我只想一辈子能和你相守在一起。再说你老说立业才能成家,为什么不能成家再立业呢?"

男朋友:"唉,你不明白。我是男人,男人有男人的追求。"

陈琦:"难道家庭不是你的追求,难道我不是你的追求?"

男朋友:"这……你不要抬杠好不好?"

陈琦:"我没有抬杠,你永远都不明白我要的是什么。"

男朋友:"你今天心情不好,我们改天再聊。"

陈琦:"正是因为心情不好,才和你聊天的。"

男朋友沉默……

陈琦:"我觉得我们越来越难沟通了,刚认识的时候我们那么有默契,可现在我却觉得我们好像来自两个星球,我说什么你总是无法理解。我曾经以为你是最懂我的人,可现在我却觉得你永远无法懂我,就好像白天不懂夜的黑一样。"

男朋友依旧沉默中……

陈琦黯然地下了线……

陈琦的心情你能理解吗?当我们最在乎的人、最爱的人不懂自己的时候,我们的心情是何等的落寞和伤感。

或许你也有过这样的体验:交往了很久的恋人,却永远无法走进自己的世界,交流变成了自说自话,对方似乎总是听不懂自己表达的意思。他与你之间的关系好像是白天和黑夜,永远无法交集。这个时候,我们总是伤感地问自己："难道男人和女人真的是一个来自火星一个来自金星，永远无法读懂对方吗？"

或许真的是这样，否则，歌中就不会心酸委屈地唱道："你永远不懂我伤悲，像白天不懂夜的黑，像永恒燃烧的太阳，不懂那月亮的圆缺。"歌声如此动情，我们听得如此心有戚戚焉，也许就在于"你永远不会懂我"所带来的伤感引起了我们的共鸣。

不仅仅是恋人，有时候，我们也会觉得亲人、朋友不懂自己，这些最亲最近的人却不理解自己的所言所行，甚至误解自己，任自己怎么解释依然无法得到对方的认同。这个时候，我们只有发出一句无可奈何的叹息："唉……"

不被别人懂，这个问题值得我们如此伤感吗？它不过是让你懒得再向对方诉说，因为反正他也听不懂；它不过是让你渐渐远离对方，因为你觉得别人懂不懂你无所谓。

为什么他人不懂自己会让我们如此伤感呢？因为被他人懂能带给自己莫大的幸福感。

懂自己的人能和自己产生一种莫名的默契——自己的每句话都不需要刻意去解释，对方总是能在瞬间就理解你的意思！也许你话只说了一半，他就马上点点头："我懂，我懂！"甚至你连说都不用说，他就能心领神会。

由此带来一种强大的幸福感——交流起来特别轻松，沟通显得特别顺畅，喜怒哀乐更容易得到理解和认同。因为懂你，他更容易理解你、欣赏你、包容你，因而也更加爱你，你因此会感到非常幸福。

这样的幸福，谁不渴望拥有？因此我们都渴望一个懂自己的人，懂自己的欢笑，更懂自己的伤悲；懂自己的优点，更懂自己的缺点；懂自己说出来的感觉，更懂自己无法言说的苦衷。一个懂你的人，能带来一段彼此舒服的爱，无需刻意经营，无需费尽心力去维护，这份爱自然健康地成长，绵长而久远。

这，就是一个懂你的人能给予你的一切。所以，我们总是希望最亲的人、最爱的人、最在乎的人，也恰好是最懂我们的人。但是，让他人懂自己却不是那么容易。爱我们的人很多，懂我们的人却很少。每个人都有自己的个性、自己的立场，不是有代沟，就是缺乏耐心，或是思想上有难以逾越的差距，以至于我们总是苦闷地说："为什么你不能懂我呢？"

特别是有些人会觉得："这世界上不可能有人懂我的，我此生只能孤独地活在自己的世界里。"当我们产生这样的念头的时候，无法找到知音的那种感觉会让我们更加伤感。

有什么办法能让我们杜绝或者减少这种伤感呢？

1.不要强求他人懂你

在这个世界上，每个人都是独立的个体，有自己独特的思维，没有谁能和自己的想法完全一样，尤其是男人和女人，因为性别不同，所以思维方式有很大的不同。而且人多半自我、自私，更愿意从自己的角度去想问题。

因此，想让他人懂你或者完全懂你本来就是一件很难的事。懂你了，那是你们之间的缘分，就好好把握这份幸福；不懂你，也莫强求，更没必要伤感，因为你也一样不懂别人。不强求、不执着，就不容易伤感。

2.试着去懂别人

当我们为别人不懂自己而伤感的时候，别忘了对方也在为你不懂他而伤感。不要一味地强调他人懂不懂自己，请尝试着去懂别人。当你懂得了对方为什么会这样想、这样说、这样做的时候，你也就明白了他为什么会不懂你，因为"懂"更应该是双方的、互相的。当你弄懂了别人的时候，你同时也就放下了"他人不懂自己"的伤感。

白天和黑夜只能交替却不能交换，这是大自然的规律，无法改变。但人与人之间却可以互换角度，站在对方的立场想一想，不要固守在自己的世界，尝试着到对方的世界走一走，你会发现，彼此之间的重叠会越来越多，你懂对方或对方懂你似乎没有原来那么难了。到那时，你会觉得，"你永远不会懂我，就像白天不懂夜的黑"所带来的伤感不见了。

当狂欢散去，伤感总是突然而至

现代人似乎越来越不甘寂寞，聚餐、唱歌、泡吧、出游、网聊、围观……似乎只要和一群人在一起，我们就会很快乐。光和一群人在一起还不行，还要得到关注，因此有了自媒体——微博，我们在微博上发心情、晒自拍、和他人互动，关注他人，也渴望得到他人关注。我们热衷围观热门事件，每一件大事似乎都应该有我的参与，谁也不愿意只做生活的看客。

但是，我们真的快乐吗？聚餐归来回到家中，依然形单影只；唱歌归来，声嘶力竭的呼喊消散更觉内心的寂静；出游回来，面对的依然是一成不变的风景；泡吧、网聊、围观……所有的热闹终将散场。微博上不管有多少粉丝关注你，现实中却没有几个朋友关心你；你在网络上积极参与每一件热门事件，围观、评论、搜索，但你对这些事情的走向无能为力。

你忙忙碌碌，热热闹闹，但所有的狂欢终将散去，寂静突然到来，就像一幕大剧，终将谢幕，观众离去，演员退场，后台的冷清你能在一瞬间适应吗？

这个时候，有一种情绪——伤感，会在突然之间袭击你。

是的，伤感在现代社会似乎无孔不入。我们有太多的理由伤感，感情不顺，伤感；事业受挫，伤感；学业难熬，伤感；朋友离散，伤感……为了摆脱各种各样的伤感，我们爱上了狂欢，狂欢转移了我们的注意力，让我们暂时忘记了伤感。但是，当狂欢散去，你又回到生活的常态，伤感如无法摆脱的藤蔓，再次缠绕你的身心。

这就是为什么我们觉得自己本来很快乐，却在突然之间莫名其妙伤感的原因。人前的快乐和人后的落寞，热闹中心的狂欢和寂静之时的伤感形成了强烈的反差，这种反差更增添了人的伤感。

李博，单身"不贵"族，独自在这个大都市工作，除了同事几乎没什么朋友。李博性格外向，喜欢热闹，害怕寂寞，每到晚上和周末，便是他难熬的时光。

为了驱赶寂寞，李博加入了很多群：吃喝群、旅游群、单身群……为了和群友有更多的聊资，他关注每一个新鲜的资讯，大到国际政治、社会新闻，小到小道消息、娱乐八卦，没有他不知道的。微博、微信、QQ占据了他大量的业余时间，吃饭、唱歌、旅游忙得他不亦乐乎，他用不多的工资维持着他丰富多彩的生活，在外人看来，李博的生活真"风光"啊。

李博是不是也如外人看起来的这么快乐呢？每次如皇帝般阅完微博上的大事小事后，他都有一种很累的感觉："大部分的事情都和我都没什么关系，我为什么要知道这些呢？"每次聊完QQ下线时，他的心情也如那黯然的头像一样低落伤感："和网友聊得再热乎，他们终究无法真正走进自己的生活，又有几个人能够成为知心朋友呢？"

尤其是每次聚餐、唱歌归来，从推杯换盏、歌声鼎沸的场所突然回到冷清的家中，他心中总会涌起一阵莫名其妙的伤感："朋友再多，玩得再高兴，可有谁能真正安慰自己心灵的孤寂呢？"

李博想，或许别人也和他一样，为了驱走内心的伤感，和他一样爱上了狂欢。但狂欢没有驱走他内心真正的孤寂和伤感，相反，却让自己的心灵更加虚空：他从未认真地消化过每一条资讯，只是一条一条被动接受，看似知道得很多，其实他很肤浅；微博、微信、QQ把他的时间分割成一段一段，各种各样的聚会占据了他大量的时间，让他没有时间好好看完一本书、好好提升一下自己，也不曾安静地思索一下自己的未来，他甚至没有了理想、没有了目标……

想到这些，李博变得异常伤感："这是我的初衷吗？这就是我想要的生活吗？"

这样的伤感绝不是李博一个人独有，对于现代人，尤其是年轻人来说，有多少人沦为了手机控、网络控、微博控……各种各样的"控"，时时刻刻忙着和这个世界分享他们所知道的一切。他们的生活变得异常忙碌，犹如明星一般，每天要赶各种各样的"场子"，你真的有事儿约他，他都要查一下有没有档期。

可是，这样的忙碌能带来内心的快乐吗？未必！当安静下来的那一刻，你会觉得伤感突然而至——身体的忙碌更添内心的疲惫，这些狂欢并不能让自己真正地快乐起来。

这些只是有形的狂欢，生命中还有许多无形的狂欢更让人伤感：你疯狂地爱上了一个人，为对方充分燃烧自己的热情，但爱情不可能永远处于"发烧"的状态，热情终将冷却，剧目由精彩转为平淡，这个时候你不可能不感到伤感；你极为认真地为某个目标、某个梦想而努力，全情投入整个过程，但目标完成的那一天，你没有想象中的狂喜，反倒有些许伤感，一种被掏空被抽离的伤感。

我们能任由伤感这样弥漫在我们的生活中吗？当然不能！我们要改变！

1.远离某些狂欢，杜绝伤感

那些乱七八糟的人和事会把你的生命搅扰得拥挤不堪，所以人们会逃到狂欢里去躲避孤单。但狂欢不会永远持续，无论你是多么的喜聚不喜散，聚会终将散场，生命里任何形式的狂欢都有结束的那一天。

为了避免这样的落差带来的伤感，不如少参与一些狂欢，别用形式上的狂欢、外表上的忙碌来填补自己的生活，要用内心的丰盈来充实自己的生命。少参加一次饭局，多读一本书；少去泡吧一次，多看一场电影；少在网上聊天，多和现实中的朋友交流；不必参与每一个热门话题，还是先解决好自己生活中的每一个问题。多享受生命本质带来的快乐，就不会那么容易伤感。

2.某些伤感不可避免，学着坦然接受

我们不能完全拒绝狂欢，生命中的有些狂欢必不可少。例如和最好的朋友的一次聚会，无法遏制的一次情感燃烧，全情投入的一件事情……这是生命中必须经历的狂欢，所以也不可避免地会带来伤感，既然无法避免，不如直接面对，坦然接受，坦然就不会觉得伤感过重无法承受。

我们不必刻意去追求形式上的狂欢，以逃避生命里的虚空和孤单，也不必害怕生命里必须经历的狂欢所带来的伤感。因为过多的伤感是生命里的暴风雨，而些许的伤感却可以成为生命里的丝丝细雨和淡淡微风，不但不会给我们造成太大的杀伤力，却会提醒我们要更加珍惜生命里一些珍贵的狂欢。

第二章

为什么有时候会莫名其妙地空虚

现代人容易空虚,盲目地追求物质、快节奏的生活,缺乏目标,对未来感到渺茫,这都让人感到空虚。生活每天就像复制,毫无新意;人迷失自我,缺乏个性,就会感到空虚。空虚似乎无孔不入,无论你处于人生的哪个阶段、哪个群体,都有可能会感到空虚。空虚感对你的身心似乎不是那么地"伤筋动骨",但却严重影响了你的生活质量,尤其是精神生活。找到你空虚的病因,对症下药,我们的生活就会快乐充实起来。

当生活成了混日子

你有过这样的感受吗?

在办公室的电脑前坐了一天,下班时却发现这一天好像什么都没干,于是你感叹到:"这一天就这么过去了,又浪费了一天。"

休息日,你舒服地窝在沙发里,手里拿着遥控器对着电视机,从这个频道换到那个频道,从早上到晚上,你都消磨在电视机前,终于,你伸了伸懒腰:"好累啊,好无聊啊。"

今天你去吃饭,明天你去唱歌,后天你去泡吧,手机、网络、微信……总之你很忙,你的休闲时间很多,你的生活看起来很丰富,但是,你却对别人说:"生活好没意思啊。"

无聊、没意思,这就是你对生活的感觉。你的时间很多,可是你却整日无事可做,所以,你总是对别人说:"我感到好空虚啊。"为了赶走空虚感,你用各种各样的娱乐来填补你的生活,可惜,娱乐只能填满你的时间,却无法填补你内心的空虚。

你空虚不是因为别的,就是因为你没有事情可做,你太闲,每天都有大把的时间却不知道用来干什么。现代社会生活节奏快,很多人时间都不够用,而你不是时间不够用，你是有大把的时间却不知道该怎么用。

也许你有一份安稳的工作，可这份工作过于清闲，没有太多的事情可做，你上班好像就是在等下班，时间对你来说那么难熬。或许你上班过得还算充实，可下了班到了晚上和休息日，你又无事可做，你不是想着看看书、充充电、健健身，而是把大把的业余时间浪费在电视和电脑前，或是吃了睡、睡了吃。

这样的你怎么可能不空虚呢？生活，重要的不是如何生，而是如何活，当生活不再是生活，而成了混日子，空虚感必定会频频光顾你。

星期天，赵牧给哥们儿小林打电话："好无聊啊，好没劲儿啊，上班没意思，下班更没意思。"

"呵呵，那你不能找点有意思的事儿做？"小林问。

"你告诉我，什么事情有意思？"

"我觉得有意思的你未必觉得有意思啊，就像我天天都觉得时间不够用，而你总是觉得没事儿干一样。"

"是啊，每次给你打电话，你不是在干这就是在干那，你每天都忙些什么啊？"

"看书啊，学习新的东西，健身啊……总之，很多事情要做。有时候，我在图书馆一待就是一天。"

"唉，我都多久没看过一本书了，图书馆大门朝哪个方向开我都不知道。一睁眼一闭眼就是一天，觉得日子过得好快，但又觉得日子好慢。好像不缺吃也不缺喝，可总觉得很空虚。"

"这都是因为你的日子过得太舒服了，你现在的日子就跟退休了差不多，上班一杯茶对着电脑，下班还是一杯茶对着电脑。现代人压力大，而你是一点压力都没有，年轻人没有一点压力是不好的。"

"你说得对！我是该改变一下自己了，不能再这么浑浑噩噩下去了。"

浑浑噩噩，无所事事，闲得发慌，这就是赵牧的生活状态。虽然我们也在提倡慢生活，但"慢"指的是生活的节奏和心灵的节奏慢，而不是无所事事地混日子。生活节奏慢但心灵是充实的，但当你的生活变成了混日子时，你的心灵也是虚空的。

也许你会说："没有人愿意无所事事，都想有所作为。"未必！不管什么年代，总有一些好逸恶劳的人，也总是有一些没有理想、没有追求、浑浑噩噩混日子的人。也可能你的工作环境、工作性质不需要你付出那么多，于是，你为你的混日子找到了借口："我不需要那么努力，照样可以衣食无忧。"只怕生活的安逸弥补不了你心灵的空虚。

因为人之所以为人，并不是吃饱喝足就能满足的，何况，在现在这个激烈竞争的社会，要想衣食无忧的生存也不是一件容易的事。除非你家底殷实，否则你没有资本混日子。就算你家底殷实，你也没有理由混日子，因为终日无所事事地混日子，一样会空虚。因为空虚是一种心灵的感受，当空闲时间太多，又不去寻找有意义的内容去填充的话，心灵的空虚就会接踵而来。

如何避免这种空虚呢？

1. 先让自己忙起来

人生只有两种情况才可以让自己特别闲，第一，物质充裕；第二，精神富足。年轻人不太可能做到这两点，所以，你还什么都没有呢，你没有资格浑浑噩噩，虚度光阴。当你口口声声说自己无事可做，感到空虚的时候，就是自己打自己的嘴巴。当无数人都在为自己的明天奋斗时，你却闲得发慌，所以，别在那里矫情地说自己空虚，赶快行动起来，为自己的理想奋斗吧。

如果你的工作不是太忙，那么多学习一些和工作有关的东西，为自己将来的提升做准备。如果你的空闲时间很多，那就找一份兼职，既可以多赚一些钱又可以提升自己；如果你不想把业余时间都用来工作，那么好好读一本书，看一个有意义的电视节目，去健健身，别把时间都浪费在对自己毫无提升的事情上。让自己忙起来，你就没那么容易感到空虚。

2.要有意义地忙

让自己忙起来，但不是为忙而忙，不是刻意找一些事情填补空闲的时间，那样不可能从根本上消除你内心的空虚。只有做一些让你觉得有意思、有意义、感兴趣的事，才能让你觉得快乐，唯有快乐才能赶走空虚。因此，去做一些让你投入的事情，投入会让你无暇空虚，投入会让你觉得充实，空虚自然很难乘虚而入。

时间的宝贵性我们无需再强调，青春易逝去也是不争的事实，既然这样，我们有什么理由混日子呢。青春不怕折腾，怕的是虚度。混日子，只能让你现在空虚，将来懊悔。所以，别混日子，别让青春虚度，别让空虚成为你心情的主旋律，青春的日子应该色彩斑斓，轻舞飞扬。

似浮萍随波逐流

无所事事让我们感到空虚，那么忙忙碌碌总会让我们充实了吧。却也未必！或许你有过这样的体会：忙得分身乏术、脚不沾地，却在得以喘气的时候感到一阵莫名其妙的疲惫："我忙成这样是为了什么？有什么意义呢？"忙碌并没有驱走空虚感。

你凝神在电脑前，一天大脑都在高速运转；你穿梭在同事、客户中间，一天都没有停歇，却在回到家中时猝然倒在床上，一种疲惫感——心灵的疲惫感迅速袭来，白天你看上去精神抖擞，晚上你却感到内心虚空。

唯一让你感到些许安慰的是每个月的固定一天，你的银行卡上会增加一个数字，这让你一月的辛劳有了一点点的满足。但是，这样的满足是短暂的，为了这短暂的满足，接下来你要重新陷入新一轮的疲惫和空虚中。

也许有些人会觉得，这有什么好空虚的，大部分人的日子不都是这样过吗？是的，太多的人每天都在为衣食奔波，为房车奔波，为明天的安稳奔波，可有几个人是为了自己的理想打拼，为了内心的快乐奋斗，为了自己的价值而努力？

或许你从未想过这个问题，因为现实早就让我们麻木了，身边的人都这样，都在为了一个肉体的"我"而活着，很少有人问问内心的自己："我到底需要什么，我需要什么样的工作，需要什么样的生活，我该如何活着？"

竞争的压力，生存的压力，未来的不确定感，让我们沦为了生存的奴隶，忘了该如何做生活的主人。有多少人西装革履、神情笃定，奔走在钢筋水泥的筑墙里，面具下面却是一个没有皈依的灵魂；有多少人看似身体康健，健步如飞，却不过是一具行尸走肉，没有灵魂，即使肉体再匆忙，也永远无法找到那种内心的充实感和满足感。

我们被汹涌的人潮裹挟着，随波逐流，没有方向，随遇而安。我们失去了个性，失去了自我，把别人的目标当作自己的目标。别人追逐名利，我们也趋之若鹜；别人买房买车，我们也不甘落后。

似乎，"活得和别人一样"，这就是我们的一种幸福。于是，在这样的随波逐流中，在"和别人一样"的麻醉和催眠里，我们似乎找到了安全感和幸福感。只是，我们不敢叩问内心的自己："我们真的幸福吗？这就是我们要的幸福吗？"因为我们没有勇气面对内心的虚无，我们看似活得很好，其实我们的内心就像一根浮萍，没有根，没有着落，因此很不踏实。

韩枫，一家大公司的中层管理者，工作忙碌，经常加班，但他没有怨言，不菲的收入和稳定的工作，已经让他不敢再埋怨生活。在外人眼里，他已经算是混得不错，三十而立，且已经供了自己的房子，对一个"凤凰男"来说，这已经是让他人羡慕的生活。

韩枫对这样的生活满足吗？面对他人时，他也会装作一副志得意满的样子，只是这副满足的外表下面，是内心深深的不满足：不喜欢的行业、不喜欢的职业、不喜欢的圈子，只因为待遇不错所以进了这家公司，又因为要还房贷，他不敢离开这家公司。

他大部分的时间都交给了自己的工作，而他的理想已渐行渐远，他不敢再奢谈理想，理想已经被现实绑架，他甚至没有时间去碰触自己的爱好。可在大部分人的眼里，他正在实现着自己的"理想"——房、车、充裕的物质生活，只是内心一直有个小小的但强烈的声音在问他："你的价值真正得到实现了吗？"

这样一问，他的内心就非常虚弱。他已经好久没有看过一次电影，好久没有去旅行，甚至好久没有回老家看看父母，他已经成为这个城市的一部分，但他的心却时不时有种想逃离的感觉。不过，他逃不出这座城市，在这里，他能得到一种世俗的安全感，为了这种安全感，他要舍弃个人的价值观，追随世俗的价值观，似浮萍随波逐流，哪怕每天都要忍受着心灵的空虚。

也许在某些人眼里，韩枫的空虚会显得有些矫情——"什么都有，你还空虚什么呀？真是莫名其妙！"很多人无法理解韩枫的空虚，因为他们不明白物质条件的拥有并不能治愈心灵的空虚，心灵的空虚需要能给你带来价值感、充实感的事情来满足，这些事情到底是什么因人而异。

也许是你向往的一份工作，虽然薪水并不高，但是你能在这个工作上得到快乐，实现你的追求，让你始终走在追求理想的路上，你的内心始终是满满的正能量，你很难感到空虚。或许你有丰富的业余爱好，能满足你的精神追求，那么，你也不会空虚。

但不是每个人都能从事自己理想的职业，也不是每个人都会去发展自己的爱好，有许多人把自己忙得像一个陀螺，还有许多人整日都过着上班、回家、吃饭、睡觉、再上班、回家、吃饭、睡觉的单调循环，这样的人，肉体看似活着，精神大多已经死亡，还有一小撮蠢蠢欲动的神经在刺激他们的灵魂——空虚，我感到莫名的空虚。

你是否还记得，刚刚走向社会时，你对未来还有着那么多的憧憬，想在人生的舞台上大施拳脚，可没工作几年，你的梦想就夭折了，你走在通往明天的路上，却忘了来时的初衷。

这种空虚究竟该如何治愈？

1.找寻自己觉得有价值感的东西

人活在俗世上，不可能完全摒弃世俗的追求，一份养活自己的工作，一个安稳的窝，一部出行的工具，追求这些没有错，但这些一定不是我们人生的全部追求，一定弥补不了我们心中的空虚。

所以，我们需要去寻找那些更有价值感的东西，或许是读书，或许是弹琴，或许是一次远足，或许是别的你认为有意义、有意思的事情，只要能让你的心灵感到充实，精神感到富足，都可以去尝试。也可以大胆地舍弃现在的工作和生活，找一份更能发挥自己特长、实现自己价值的工作，换一种活法，畅快淋漓地为自己活一次，你一定能从中找到巨大的成就感。

总之，别让自己的内心成为浮萍，无所寄托内心必定空虚，活出自己的感觉，空虚就会落荒而逃！

2.有更高层次的人生追求

既然随波逐流、世俗地活着会空虚，那么，我们为何不活得境界更高一些？我们可以结实一些有追求、有梦想的朋友，在他们那里感受到更多积极的正能量，使心灵受到感染，变得充实起来。

我们也可以不要活得这么"小我"，生命的意义在何处何地都能实现，如果你有能力，帮助一下他人，帮助他人实现自己的梦想，帮助他人活得更好一些，这比关注自我更有意义，更能让自己感到生命的充实。

芸芸众生，渺小的我们都有感到空虚的时候，这不足以畏惧，让人惧怕的是我们什么都不做，任空虚一日一日侵蚀我们的灵魂。所以，我们要找到灵魂的出口和内心的寄托，不管肉体的我们如何世俗地活着，甚至是随波逐流，但精神的我们永远能找寻到自己的价值。

拔剑四顾心茫然

"金樽清酒斗十千，玉盘珍馐值万钱。停杯投箸不能食，拔剑四顾心茫然。"这是李白《将进酒》里的诗句，满怀远大抱负的李白此刻心中茫然。被皇帝重用、为国家效力是他的政治理想，现在理想搁浅，他失去了人生的奋斗目标。站在人生的十字路口，究竟该何去何从？李白心中茫然，倍感空虚。

在人生的旅途中，我们都有过和李白相似的感受：眼望四面八方，哪个方向才是我们应该去的目的地？下一步自己该做什么、能做什么、该往什么方向努力？心中没有答案。感觉自己就像一条漂浮在茫茫大海的小船，突然灯塔上的灯熄灭了，小船失去了前进的方向，只能在大海上漫无目的地漂浮，这个时候我们心中空落落的，无尽的空虚感缠绕着自己。

一个人生命的意义就在于目的与过程的交互作用，如果一个人失去了目标的指引，生命的过程就失去了意义，这个时候空虚的心理就会出现。

为什么失去目标我们会感到如此空虚？因为目标代表着明天的希望，代表着明天有可能实现的价值，代表着我们赋予自己活着的意义以及生活的意义。如果失去了这些，在一个没有目标、没有意义的价值观念的世界里，我们只剩下一具浅薄的皮囊，不会感到生活的滋味儿，只会感到空虚，难以摆脱的空虚。

这个时候，即便你疯狂地吃喝玩乐、如饥似渴地听音乐、忙碌地工作，却也无法赶走心里的空虚。

冯亮已经工作5年了，工作对他来说早已失去了新鲜感，他在工作上找不到什么自己的价值，他对公司来说也是可有可无。他一直以为可以在这个领域内大展拳脚，好好干一番事业。可现在，他依然是这个公司里这个大齿轮上的小螺丝钉，每天按部就班地做着自己分内的那点事情，这和当初他的设想大相径庭。

很早之前他树立的目标已经无法实现，他想离开，抛弃现在的生活去寻找新的目标。可是，应该去哪里？应该做什么？应该给自己定一个什么目标？他感到非常茫然。曾经踌躇满志的他如今不知该如何给自己定位。

日子一天天地重复，他的空虚感每日剧增，找不到自己存在的价值，终日郁郁寡欢，吃饭喝酒、看书打牌……这一切都引不起他太大的兴趣。

冯亮的空虚感来自于生活的无意义感。其实，空虚的本质就在于无意义感。从生命学的角度看，一个人存在的基础是能感觉到自身的价值，觉得生命与生活是有意义的。

而生活和生命是否有意义，则取决于生活是否有一定的奋斗目标，这些会成为你奋斗的动力。当曾经的目标无法实现，或无法树立新的人生目标时，你就失去了奋斗的方向和奋斗的动力。这个时候，你就会感到一种难以名状的空虚。

空虚是一种可怕的负面情绪，如今空虚的人不少，这是因为他们太过于执着名利，人云亦云，缺乏对人生的深刻认识，更少有自己的个人目标，不知道如何活着才算有价值。他们一方面随波逐流，一方面在空虚感的驱使下，不断叩问生活的意义。

但空虚远没有想象中的那么可怕，连诗仙李白都会空虚，无数的伟人名人都曾经空虚，何况我们这些凡夫俗子呢？比起那些已经麻木得无法感知空虚的人来说，我们应该庆幸，因为空虚虽然让我们感到痛苦，但痛苦却让我们清醒，清醒地认识到不能无休止地空虚，必须寻找到生活的目标。

1.拥有积极的自我意识，找到目标

但凡茫然、失去人生目标的时候，亦通常是失去自我的时候。要找到自己的人生目标，需先找到自我，给自己准确的人生定位。根据自己的定位树立人生目标，目标不要虚幻、不要遥不可及，否则我们会因无法实现再次感到空虚。

例如你的目标可以是成为一个出色的策划人、一个出色的广告人，但最好不要是——我要成为一个优秀的人，何为优秀的人，这个概念太空泛。你的目标必须是实实在在的、具体的，有着实现的可能的，并且能让你感到有着积极的价值和意义的。

生活的意义，永远都是需要人去赋予的。只要我们的人生目标能让自己感到存在的价值和人生的意义，我们就会在奔向目标的过程中感到充实、快乐和满足。

2.目标明确，全力以赴

有了目标并不等于你就摆脱了空虚，如果不付出行动去努力实现，目标永远只是目标，就像一副虚幻的美景在前方召唤，而你永远无法真正欣赏它的模样，那么，你的内心会更加空虚，不但空虚，还会自责自己是个言过于行的人。

所以，有了明确的目标后，全力以赴是帮助我们走出空虚的第一步。不管目标能不能实现，何时才能实现，走在追逐梦想的路上，本身就是一件非常快乐的事情。这个时候的你，不会感到空虚，而只会感到梦想一步步实现的满足。

在人生的旅途中，我们都有过迷茫无助的时候，都有空虚难耐的时候，这个时候，正是人生在提醒我们，不能在原地踏步了，需要改变，需要树立新的目标，需要行动！因此，空虚正是生活在催促我们——要拿出正能量！这时，我们要赶紧找到自己的人生目标，那么，终有一天，我们将"长风破浪会有时，直挂云帆济沧海"！

陌生的城市何处有我的期盼

我漫无目的地徘徊在大街上，看着一幢幢高耸入云的大楼，一座座错综复杂的立交桥，一个个五光十色的橱窗，和那些琳琅满目的商品，心里很不是滋味儿，没有兴奋感，没有快乐感，没有新鲜感，只有挥之不去的空虚。

几年前，正是这些吸引我走进这座中国的大都市，告别父母，挥别亲朋，我发誓要在这座城市里拥有自己的一席之地。可是，几年过去了，我依然混在这个城市的最底层，那出入高档写字楼里西装革履、新潮时尚的白领、高管，是我到现在都难以企及的梦。

刚来时，我还有着对明天的希冀，可现在，我的心里面是深不可测的空虚，我不知道我的明天在哪里，我没有目标了，也不敢再树立目标了，我所有的理想都被现实狠狠地扇了一耳光！

虽然我已经习惯在这座城市生活，可这座城市对我来说依旧既熟悉又陌生，我既不是主人也不是过客。这城市的繁华在我眼前闪过，似乎又和我无关。徘徊在这城市的街头，我一遍遍地问自己："这陌生的城市何处有我的期盼？"

你有过在异地他乡漂泊奋斗的经历吗？你有过故事主人公"我"的心理感受吗？你来到一个陌生的城市打拼，渴望在这里实现你的理想、价值和人生的意义，却发现，除了勉强维持生存，其他都是空谈。这个时候，对自己有着更高要求的你便会陷入无尽的空虚里。

谁没有远大的抱负，谁不想在青春年华时尽情释放自己，但是，现实是这么现实，竞争是这么残酷，到达理想之巅的路上总是有着重重障碍，我们经过无数次的努力、尝试，依然无法到达理想的彼岸。我们渴望在这座充满诱惑的城市里和他人展开公平竞争，却发现怎么挤都挤不进他们的行列里。

我们不甘，却不能不面对现实；我们面对现实，却陷入更深的无奈和空虚里。当不敢做梦、不敢希望、不敢再奢谈理想的时候，那就只有与空虚为伍。

回望四周，有多少人在异地他乡漂泊，有多少人的梦在陌生的都市里破碎，有多少人的青春在这里变得荒芜，有多少人在空虚的陪伴下还在这座城市挣扎。在这座城市里似乎永远看不到自己的未来，微薄的薪水，毫无品质的生活，没有什么改变和提升的工作，这一切都让你感到未来是那么的渺茫，今天是这么空虚。

没有什么比无所作为、碌碌无为更容易让人感到空虚了。当然，不是他们没有斗志，是斗志在现实的摧残下早已夭折；不是他们不渴望飞翔，而是翅膀已经在风雨的袭击下折翼。

在陌生的城市里，如果你感到自己空虚，请善待自己，因为你还没有麻木，你在思考过去、现在和未来，潜意识里在寻找不让自己空虚的办法。如果你身边的朋友向你诉说他们心中的空虚，请认真聆听他们的心声，不要嘲笑他们这些莫名其妙的情绪，因为空虚不是凭空产生，只有对自己有所要求的人才会空虚，只有渴望更充实的、有意义的生活的人才会空虚。

请拥抱自己和朋友的空虚，给自己和他人一些温暖，在陌生的城市里，我们需要一些温暖来抵抗心中的空虚，同时寻求驱走空虚的办法。

1.调整目标，空虚来自于你的不切实际

刚刚走向社会时，我们对社会、对自己的理解都很肤浅、狭隘，甚至不正确，此时，我们树立的目标很可能不切实际，我们可能高估了自己的能力，某些看法也可能有些偏颇，因此，自己的理想根本不可能实现。

比如你的理想是做一名财务高管，却发现自己的才能只能做一名普通的会计；你想成为一名作家，却发现自己顶多只能成为一个文案。当你的理想远远高于自己的能力时，理想不可能实现。

这个时候你不能瞎感叹："陌生的城市何处有我的期盼？"感叹是没有用的，除了空虚不能给你带来别的。你需要做的是舍弃这些不可能实现的理想，重新给自己定一个切实可行的目标，朝着这个有可能实现的目标继续努力，重新对生活充满希望。

2.转移阵地，你的希望在别处

我们的理想究竟会在哪里、在什么时候实现，其实谁都不知道。我们总以为在大城市就有更多的机会，其实，机会多，竞争者也多，最终属于自己的机会的几率并不大。也可能因为种种原因，这个城市并不适合你发展，所以，如果你固执地在这个城市寻找你的梦想，可能最终只能与空虚为伴。

既然如此，不如离开这个城市到别的地方去发展，不管是大城市还是小城市，或者回到自己的家乡，只要坚持自己的理想，总有一天一样能实现自己的梦想。心怀希望，就永远不会空虚。

"青春若有张不老的脸，但愿她永远不被改变。"青春的我们带着自己的梦想奔赴大都市，在梦想的指引下，似乎流浪也成了奋斗的代名词。但是，"许多梦想总编织太美，跟着迎接幻灭"。有许多人的青春被消耗在这陌生的都市里，渐渐地，青春逝去，梦想搁浅，陪伴自己的只有空虚无助的感觉。

陌生的城市何处有我的期盼？当你发出这样的疑问的时候，其实并不是人生最糟糕的时候，因为你仍然还有期盼，你没有麻木。空虚犹如灵魂的阵痛，有过阵痛，才有成长，感到空虚，才会填补。

第三章

为什么有时候会莫名其妙地心烦

有没有人从来就没烦过？恐怕没有。名人有名人的烦，草根有草根的烦；男人有男人的烦，女人有女人的烦……都烦。网络上各种吐苦水的，因为他们烦；酒吧里各种发泄的，因为他们烦。人人生活在烦恼中，说着烦，唱着烦，为钱烦，为感情烦，为工作烦……烦，似乎是一种生活的常态，如果失去了这些烦恼的内容，人生似乎更烦。唯有接受这样的常态，并努力在这种常态中理清头绪，一件一件地解决令你烦恼的事情，才能不烦。

思绪混乱，毫无章法

"好烦啊！"你禁不住这样抱怨，工作、生活、感情，过去、现在、未来，怎么有那么多事情理不清、理不顺，究竟是哪里出现了问题？是自己还是别人？那么多问题没有答案，那么多事情需要解决，那么多的事情无法解决……总之，太多的不开心、不顺心、不遂心让你感觉到"好烦"！

生活就像是一条堵车导致瘫痪的公路，而你的思绪就像是一辆被困其中的车子，满腹焦躁，却找不到出路。你不知道该怎么样才能冲出去，先从哪一方面开始疏导，总之，你思绪混乱，毫无章法。

"烦"，这一定不是你一个人才有的情绪，现代人似乎个个都烦。有钱，烦，没钱，更烦；太忙，烦，不忙的，也烦；有恋爱谈的，烦，没恋爱谈的，更烦；男人，烦，女人，也烦；"90后"，烦，"80后"，也烦，"70后"，更烦……你看到这里，似乎更烦了，看都不愿意再看下去了。

别烦！别着急！烦是生活的常态，"人生不如意事十之八九"，怎么可能不烦呢？尤其是身处这样一个竞争激烈的现代社会之中，各种压力层出不穷，工作、生活、感情、婚姻经常处于变动中，大问题、小问题不断出现，并交织在一起，怎么可能不烦呢？

周洁坐在办公室里，无心工作。烦啊，最近怎么这么烦啊。工作不被认可，自己也找不到价值感，工资又不高，要不要换个工作呢？换个工作就一定比现在好吗？感情也不顺，男朋友成天忙得要死，连见面的时间都没有，又总是和自己发生争执，想分手却又分不了手，该不该继续下去呢？爸妈身体不好，自己又抽不出时间照顾他们，还要他们为自己的生活操心。

这么多的问题让自己不胜其烦，看着别人悠哉乐哉的，为什么自己总是有这么多烦恼呢？难道是自己的问题，想得太多，太敏感、太复杂，还是这个世界出了问题？

接下来该怎么办？是安于现状、顺其自然，还是改变？周洁思绪混乱，毫无头绪，不知道该如何解决这些烦恼。

"生活像一团麻，总有那解不开的小疙瘩。"这真是我们生活的真实写照。生活中总有一些一时之间难以解决的问题令我们烦恼，还会不断滋生新的烦恼，于是，心烦成了我们大多数人都有的情绪。

有时，我们想把这些问题暂时搁置，不去想它，但不知道为什么，突然又莫名其妙地感到心烦了，感觉眼前就好像有一张蜘蛛网一样，黑乎乎地挡住去路，挥也挥不散，真令人心烦。

当感到心烦的时候，我们什么事都不想做，哪怕手边有很多重要的事情正等着我们，我们也没有心情去做，就算勉强自己去做了，效率也特别低。心烦的时候，总觉得生活也没有了意思，对身边的人和事都没有耐心，动不动就想发脾气，弄得周围的人也莫名其妙。

烦恼就是这样，看似不是什么致命的负面情绪，可是总会令你的生活蒙上一层灰尘，长期处于这种阴郁的天空下，身心都会受到损害。可烦恼又不可能真的像灰尘一样，用鸡毛掸子掸掸就掸掉了。因为令我们烦恼的事情有些是非常顽固的，需要我们做出非常大的动作才能真的消除这些烦恼。

令我们烦恼的事情很多，有些是能够解决的，有些是暂时无法解决的；有些是现在的事情，有些则是过去的事情；有些是因为他人的原因造成的烦恼，有些则是因为自己的原因自寻烦恼。弄清楚烦恼的源头，才能解决这些令我们烦恼的事情，从而消除烦恼。

1.用生活的减法剔除烦恼

那些暂时无法解决的事情，搁置它，让它顺其自然，有些烦恼是会自行消失的；那些过去的事情，淡忘它，让它真正地过去，别让过去成为你今天的烦恼，你是为今天和明天而活，不是为昨天而活；那些因为他人的原因造成的烦恼，我们更没必要烦恼了，不管他人怎么看我们，怎么贬损我们，我们对自己应该有正确的认知，因为别人不正确的言论而烦恼，没必要。

如果工作太忙令我们烦恼，就减掉一些不必要的工作；如果没有钱让我们烦恼，减少一些欲望；如果爱一个人让我们烦恼，就少爱他一些……

如果我们可以用生活的减法去面对一切，如果我们可以抛弃复杂，变得简单，烦恼就会越来越少，甚至消失。

2.放下执念，不要自寻烦恼

其实，生活中的一些烦恼甚至是大部分的烦恼并不是外界给予的，而是自己强加给自己的，所谓自寻烦恼。佛说："所谓心事，不过是不如己意，那就是我执，执着于自己描画的理想，一有落差，即生烦恼。"

是的，当生活不如己意，当他人让自己失望，当自己在乎的事情没有好的结果，我们会非常烦恼。这个时候，怎么办？继续执着地让生活必须符合自己的意愿吗？那只会继续烦恼。聪明的做法是——放下执念，接受生活的不尽如人意。唯有如此，才能不再烦恼。

3.烦恼事要一件一件地解决

生活中有一些烦恼来自于一些尚未解决的事情，这些事情不解决，烦恼永远难以消失。这些烦恼是生活中的"硬伤"，不是你用生活的减法和放下执念就可以减少或消失的。例如失业了，你不马上找着工作，就会有无尽的烦恼。又例如婚姻走到了尽头，不作出个决定，便会一直烦恼；父亲身体不好，要不要动手术，必须作个决定。可怕的是，这些事情都碰到了一起，令你头都大了，怎么办？该如何解决？

冷静下来，哪件事情是最重要的，先拣最重要的事情做。按照一般人的逻辑，父亲的身体当然是最重要的，其次才是自己的工作和感情。那么，我们就按照这样的顺序一件件来解决，解决一件事，烦恼就会少一些。千万不要乱了阵脚，只烦恼，却不知道该怎么做。理清头绪，逐一解决这些事情，让烦恼一个个消失。

不管你用何种方法，生活中的烦恼不会永远消失，今天的烦恼没有了，明天还会有新的烦恼；大的烦恼消失了，还会有许多小的烦恼；你的烦恼消失了，身边的亲朋好友还有烦恼……总之，生活中永远都有烦恼。有烦恼并不可怕，可怕的是，你被烦恼缠绕了心智，焦躁了心情。

所以，正确的做法是，让我们直面烦恼，有什么样的烦恼，我们就采用相应的策略去解决。别让烦恼变成你长期的困扰，更别让烦恼升级，变成难以解决的烦恼。生活中没有什么事情是永远都无法解决的，只是，你先该解决的是你的心情。也许，这是一句老掉牙的话，但是，它却能让你在短时间内忘记烦恼。

怎么办？怎么办？怎么办？

"怎么办？怎么办？怎么办？"你生活中是否有这样的时刻？心中一连几个"怎么办"，能把自己问得快要崩溃。的确，当生活中一些重要的事情思来想去实在不知道该怎么办时，确实让自己感到非常的烦恼。

能让自己这么烦恼的经常是人生中一些重大的事情：升学、择业、感情、婚姻、家人的健康等等，这些重大的事情我们不敢轻易作选择，唯恐一选择错成千古恨。所以，我们在心中反复地问自己："怎么办？怎么办？怎么办？"越问越烦恼，越问越纠结。

为了不再烦恼，我们干脆对自己说："不想了，省得想起来就烦。"可是，事情并没有解决，它还会时不时浮现在心头，令你又烦了起来。甚至是前一刻你还非常开心，后一刻不知因为什么原因，突然莫名其妙地烦躁起来。也许是别人提起，也许是什么刺激到你，这个令你无限烦恼的事情又让你烦起来。

就算无人提起，没有什么东西刺激，这些令你烦恼的事情也会一直积压在心中，在工作的间隙，在一个人独处的时候，在某个深夜，都会干扰自己的心情。那些难以抉择的大事甚至会严重困扰你的心情，成为你长期的烦恼源。

我和孟丽吃饭，她托着脑袋，重重地叹了一口气："唉！"

"怎么了？"我连忙问她。

"不知道该怎么办。"她一脸苦恼。

"什么事儿不知道该怎么办？"

"感情的事儿啊。"

"你的感情不是很好吗？男朋友不是一直对你很好吗？"

"是对我挺好的，但我就是下不了嫁给他的决心。"

"为什么？你不喜欢他？"

"他只是一个合适的结婚对象，但不是我喜欢的那个人。"

"那你觉得是自己喜欢重要，还是现实重要？或者你觉得什么样的才是合适的结婚对象？是自己喜欢的，还是符合一些现实条件的？"

"不能两者兼顾吗？"

"理论上是可以，但现实中不容易遇到，除非你愿意等。"

"唉，我不知道，不知道该怎么办。"

"该怎么办？"相信每个人在人生的旅途中都曾发出过这样无力的询问，因为人一生都会遇到各种各样的困惑，尤其是面对感情、婚姻、家庭这样复杂的关乎人生命运的大事，谁也不能给我们一个肯定的答案，这让我们感到无比的烦恼。

还有许多的人生转折点，例如该继续求学还是参加工作，该选择这一份工作还是那一份工作，该继续维持婚姻还是结束婚姻，孩子该选择哪一所学校……在不知该如何选择时，我们只有不停地问自己或身边的人："怎么办？"

"怎么办"不仅会让自己烦恼，也会给身边的人带来烦恼，因为情绪是会传染的。总是被"怎么办"困扰的人，只能说明你缺乏解决问题的能力。长期处于这样的情绪中，只能让你越来越累。

"怎么办？"当然不能把这些问题长期搁置，那只会让你无止境地烦恼下去。

1.想赶走烦恼，先解决困惑

烦恼来自困惑。当你对人生中的众多问题充满了困惑时，例如我是个什么样的人，我需要什么样的生活，我适合和什么样的人生活，生活中什么对我是更重要的……当这些问题你没有一个较为清晰的答案时，就非常容易困惑。困惑就会让你不知道该如何解决很多问题，在这些问题面前徘徊、犹豫，你不心烦谁心烦？

所以，要想摆脱心烦的感觉，先解决你的困惑：树立较为清晰的人生观、价值观、爱情观，对自我有个正确的认知，也许你觉得这些问题太大了，不可能在一时之间有清晰的认识，那么也该有个大概的轮廓、大致的方向，如果你的心里是一团糨糊，那么根本不知道路该怎么走，不心烦才怪呢。

2.不要长期犹豫不决，当断则断

烦恼来自于犹豫不决。一件事情长期处于考虑期，反复地思量来思量去，始终不作决定，始终作不了决定，这不仅会让你心烦，也会让和这件事情有关的人心烦，犹豫不决、当断不断就是烦恼的原因。

所以，做人应该有一些魄力，当断则断，想来想去，只会令你越来越烦，当你作了决定，也就切断了烦恼的源头。

3.要有解决重大问题的能力

每个人一生中遇到的重大问题，一般都难以抉择，我们需要他人给自己意见和指点，但是，我们不能把作决定的权利交给他人，因为最了解自己的人是自己，自己的事还是应该自己拿主意。

所以，我们不能过于依赖他人的意见，而且，别人太多的意见只会让你更加难以抉择，你需要有主见，一个成熟的成年人应该有解决重大问题的能力，这是你这一生不再轻易烦恼的法宝。

天下无不烦恼之人,没有谁可以何时何地何种情况下都做生活的强者,是是人就会有烦恼,生活就是和各种各样大大小小的烦恼抗争的过程,有时候你失败了,那么你就烦恼一阵子,有时候你胜了,烦恼就被你赶跑了。

这才是生活的常态,没有一点烦恼的人生也会索然无味,恐怕只有疯子和婴儿才会永远没有烦恼。因此,当面对生活中的"怎么办"时,不妨烦恼一会儿,但不能一味地烦恼,而是要想办法让烦恼离开你。因为一个健康的人只可以烦恼一阵子,但不能烦恼一辈子。

赚钱不容易

金钱,这是人的正常欲望和生存基础。挣钱,挣更多的钱,是很多人的人生目标。但挣钱不是一件容易的事,这也是很多人的共识,尤其是现在这个竞争日益激烈的社会,赚钱十分不易。

人的消费欲望和攀比欲望越来越强烈,都想做白领、金领,都想成为中产阶级、高产阶级,都想在物质上比他人更丰富、更充足,但现实却不能让人如愿:人越来越多,城市生存空间越来越小;大学毕业生的人数一年高过一年,生存竞争越来越激烈……于是乎,一些人就发出了这样的感叹:钱不好赚哪!

"钱难赚"成了许多人的共识，或许每个人都有自己独有的烦恼，但"缺钱"却成了很多人共同的烦恼。尤其是男人，由于社会定位的不同，他们的生存压力更大，渴望挣到更多的钱，以实现社会、家人包括自己对自己的期望。但是，欲望的不断增长，能力的有限，挣到的钱总是不能让自己满足，于是，每个人都皱紧了眉头，长吁短叹道："唉，真烦啊，钱真难挣。"

　　无论男女老少，都在为这个问题烦恼：没有钱，我就买不起房子，不能有一个安乐的窝；没有钱，我不能买漂亮的衣服，不能吃喝玩乐，不能去旅游，无法孝敬老人，甚至无法去帮助他人……总之，没有钱，我就不能有更高品质的生活。

　　纪元最近心情特别烦躁，总是一个人闷闷地喝酒，他的心情很烦，烦什么呢？在生意圈里混了好几年了，至今没挣到什么钱，生意是越来越难做。因为租金越来越高，顾客越来越挑剔，同行竞争越来越大，利润空间自然越来越小，这几个月的利润勉强够交租金，再这样下去可怎么办呢？

　　想想自己已近而立之年，可还没有安身立命的事业，做生意没有更多的资金，只能小打小闹，现在眼看就要亏损。想着把生意结束了，去找份工作，可自己学历不高，又没有一技之长，能找到什么工作呢？

　　从毕业到走向社会这么多年，他真的感觉到了生存的不易，赚钱的不易。一个男人应该有养家糊口的本事，可自己在这方面还很欠缺，接下来究竟该怎么办呢？他陷入了无边的烦恼中。

　　生存问题是人一生的最大问题，不解决这个问题，没有谁能快快乐乐地生活下去。当遭遇生存危机时，谁都会感到心烦。没有一份稳定的工作，没有一个可持续发展的事业，没有源源不断的经济来源，谁都无法淡定。尤其当你的年龄越来越大，银行的存款却越来越少时，恐怕你会在自己的心里，给自己打上这样的烙印——失败者。

但是，钱难赚也是个不争的事实。所以，这成了很多人的烦恼，甚至会成为许多人长期的烦恼，难道没有合适的方法排遣吗？

1.挖掘潜力，增强生存能力

没钱烦恼，那就想办法多赚钱吧！一味地哀叹、烦恼、忧郁、苦闷都没有用，只有付出行动才能将不良情绪赶走。

钞票难赚，没错，但总是有人能赚到钱，什么原因？无他，生存能力比较强而已，也就是我们常说的"有本事"。谁不想有本事？谁不想证明自己的能力、自己的价值，获得成功，给自己和家人一份高品质的生活。

既然有这样的愿望，就必须付出行动。通过各种方法挖掘自己的潜力，增强自己的生存能力。自己有什么特长，尽量发挥出来，没有特长，就去学。适合工作，就去打工；适合创业，就去做老板；喜好自由，就做自由职业者。不管做什么，都要付出百分之百的勤奋，才可能在某个行业成为佼佼者。平庸者要么被淘汰，要么不可能赚到什么大钱。

增强自己的生存能力和生存意识，无论时代怎么改变，都不会被时代淘汰，这才能让你在这个问题上彻底摆脱烦恼。

2.看清自己，寻找适合自己的生活方式

你必须对自己有一个正确的认知，知道自己的能力能达到哪个程度，以此定位适合自己的生活方式。如果你能力平平，注定此生没有大的作为，那么就不要好高骛远，和别人攀比，物质欲望就不要那么高，安心过最普通人的生活，当你的期望和你的能力持平时，自然就不容易心生烦恼。

名利、物欲、金钱，这恐怕是很多人一生都难以看透的事情，在这个问题上如果没有一个正确的认识，一生都会烦恼。钞票难赚，尽力而为，过你能过的生活，做你能企及的梦，你就会获得或平凡或精彩的快乐。

总有一些事情让人无能为力

在某些时候，你是否会发出这样的感叹："唉，我已经尽力了，但能力有限，这件事情我真的做不到。"

也或者是这样的无奈："我自认为很优秀，没有什么事情是我做不到的，但这件事情真的不是我一个人付出努力就可以做到的。"

也或者是这样的愤懑："为什么？为什么我付出了这么多，他还这样对我？我到底做错了什么？"

这样的结果让你想不通，每每和他人提起就心烦，日后回想起来仍然让你心烦。

其实，我们心烦的原因就是没想明白一个道理：人这一辈子，总有一些事情是自己无能为力的。

是的，在我们的生活中，总有一些事情是自己无能为力的，也许你对这句话不甚认同。你会觉得，只要我尽力，就一定能达成目标或如我所愿。特别是对某些自信的人来说，他们相信，人生无所不能！

我并不想打击某些人的自信或为自己的目标付出努力的决心，我只想说，自信和决心是一个人做一件事情必须具备的因素，但这只是主观因素，一件事成功与否还受许许多多客观因素的影响，除了受自己的影响，还受别人的影响,也就是说,我们做一件事情的结果,不是完全由自己决定的。

我们常说人生无常、命运多变,人算不如天算,就算你计划再周详,过程再努力,结果也不一定会按照你设想的样子出现;甭管你多优秀、多有魅力和魄力,总有一些事情是你做不到的或无法控制的。

或许你不服气,那么你想想现实生活中有多少这样的例子:你想做好一份工作,但自己不适合或能力不济,再怎么努力仍然无法做好;你非常优秀,事业上非常成功,也独具个人魅力,在朋友眼中是个无所不能的人,可是,你却无法得到心仪人的欢心;你努力经营一段感情,没犯过错,甚至你们的感情很好,很爱对方,可对方还是不愿意和你走下去。

种种这样的例子,不一而足。人这一辈子,不管你多么有智慧,多么能干,总有一些事情是你做不到的;更别提那些愚笨一些的人了,更有许多事情是他们做不到的。这就成了我们烦恼的根源——无可奈何、遗憾,感到无能为力。

李祥,刚刚到而立之年,外形俊朗,谈吐不俗,事业发展得也不错。虽然从上学到走向社会,他并非一帆风顺,遭遇了不少挫折,但这非但没有让他的性格变得阴郁,反而让他变得更加自信。他相信,不管做什么事情,只要努力,只要真诚地付出,一定都会有所回报。在这个信念的指引下,他很少为什么事儿烦心过,总是一副运筹帷幄、踌躇满志的样子。

但是,唯有一件事儿成为了他的心病,每每想起来,总是莫名其妙地心烦。那就是他喜欢上了一个女孩,很多年了,从暗恋到明恋到追求,却屡屡受挫。不管他用什么招数,投其所好也罢,欲擒故纵也罢,对方是软硬不吃,一律给他软钉子吃。这个女孩给他的理由是:你什么都好,但不是我要的好。我们可以做朋友,却无法做恋人。

这让李祥很是苦恼,这些年建立起来的强烈自信一下子全没了,他甚至觉得自己什么都不是，这么卑微，这么渺小，这么不堪一击。虽然他做其他事情仍然是霸气十足、独当一面，但只要想起感情的事，他就会陷入这种莫名其妙的心烦之中。

你也许也和李祥一样想不通，这么优秀的男人，什么样的女孩会不喜欢啊。但真的有，爱情就是这么没道理，不是你优秀、你好，对方就一定喜欢的。就像一道菜，你做得再精致、再色香味儿俱全，我不喜欢吃就是不喜欢吃。不是这道菜不好吃，而是不是我要的那个味儿。所以爱情这件事儿有时会令人特别烦恼，它是两个人之间的事儿，它能不能开始，能不能继续，有什么样的结果，并不能完全由自己左右。

这就是我们生命中最大的一件自己无能无力的事，别的事情只要付出了或多或少都会有收获，只有爱情，它的结果和付出并不成正比。当这样的事情发生在自己身上时，我们会感到无比的烦恼，似乎是一个无法解决的烦恼。

生活中令自己无能无力的事情还有很多：朋友遭遇了困难，自己看着干着急，却帮不了忙；眼看着家人作了一个错误的决定，自己怎么劝他都不听，非要错下去。这还是一些个人的小事，还有一些家国的大事，我们更无能为力。这些事情都会成为人们心烦的源头。

总不能让这些心烦的事情无休止地纠缠自己的心情吧。

1.接受这样的自己

人的能力有大小，每个人都有自己的局限，我们是有缺点的人，不是没缺点的神，即便你优秀得接近完美，也不见得会获得每个人的青睐。因此，总有一些工作是自己无法胜任的，总有一些事情是自己或者凭一己之力是无法做到的，也总有一些人是不喜欢自己的，这是事实无法改变，即便你为这些多么的心烦，也改变不了这样的事实。你唯有接受这样的自己，承认这样的我是平凡的甚至是平庸的，对某些事情无能无力是很正常的，才能不再为这些事情心烦。

2.接受这样的现实

总有一些事情是自己无能为力的，这就是人生。现实中很多事情的走向不是以人的主观意志为转移的，不是你想爱了就能爱的，不是你爱了就有结果的，不是你付出了就会有收获，因此，接受现实，不纠结于结果，才能不为结果心烦。因为我们只能控制过程，无法控制结果，努力经营过程，随心面对结果，只有这样的心理状态和处世智慧才能让你从心烦的状态中解脱出来。

总有一些事情让人无能无力，这看似是一句消极无奈的话，却也包含着面对现实正视现实的勇气，接受自己对某些事情、某些结果的无能无力，这不是向现实的妥协，而是对自己心灵的一种安慰，说是自我安慰也罢，它至少能让人不再心烦。

你为什么总是对我不满意

"自从我看到你，就每天失眠、食欲不振，因为我不是你喜欢的那种女生，我不想讨你欢心，又担心自己难过，但你的要求总让每个女生觉得残忍。我只要看到你就胃快抽筋、心律不整，你知道我不是很做作的那种女生，我不想改变发型，也不想变换口气，只为了让你让你让你爱我更认真。烦哪烦哪烦得不能呼吸，烦哪烦哪烦得没有力气，烦哪我烦啊，烦哪烦哪烦得不敢相信，烦哪烦哪烦得歇斯底里，烦哪我烦啊……"

迷离的灯光，陶醉的音乐，卡拉 OK 里，韩琳晃着脑袋略带颓废地一遍又一遍唱着"烦哪，我烦哪……"，她唱得真好，烦躁的心情被宣泄得淋漓尽致。

朋友拿着啤酒和她碰了一下，问道："韩琳，你很烦吗？"

"是啊，我烦得要死！"韩琳喝了一口啤酒，歪倒在沙发里。

"烦什么啊？"朋友问道。

"烦我男朋友，他成天对我不满意，说我不温柔，不淑女，不会小鸟依人，不会化妆，不会穿衣打扮，哎呀，他总是挑我的毛病，烦死了。"韩琳又灌了自己一口啤酒。

"那你改变一下呗，他满意了，你也就不烦了。"

"我改变就不是我了，我本来就是这样，不会做作，不会装温柔，原来他不就是喜欢我的真实吗？现在却让我变成另外一种样子，我变成另外一种样子，他也未必满意。"

"嗯，你说得对！遇到这些喜欢挑剔的人，你变成什么样他都不满意。"

"别管他了，我们继续唱歌。再给我点一首李宗盛的《最近比较烦》。"

遇到韩琳这种情况，我们烦吗？烦！自己最爱的人、最亲的人对自己却总是不满意，这真让人心烦。我们都希望身边的人对我们满意，希望他们喜欢自己，所以，我们尽量展示自己的优点，让自己做得更好，变得更优秀，但是，也许我们本身就不够好，所以总令他们失望，也许我们够好了，他们仍然不满足。为此，我们的心里好烦啊："唉，你为什么对我总是不满意？"

我们都渴望被人欣赏，被人肯定，这会让自己感受到存在的价值和乐趣，而不是天天被挑剔、被指责，这会让自己怀疑自己，是不是真的像对方口中那样一无是处，自我怀疑会让自己渐渐失去自信，变得不快乐。

所以，他人不满意自己，会让自己变得很烦。在生活中，这样令人烦躁的源头还有好多：老板嫌我不够能干，老婆嫌我每天回家太晚，女友嫌我赚钱太少，女友妈妈嫌我长得寒酸……我们无法让每个人都满意，不知道是自己的问题还是他人的问题，总之，这令我们心烦。

我们也希望让所有的人对自己都满意，可惜自己既不是超人，也不是完美的神，注定有人会对自己失望，我们该如何摆脱这样的烦恼呢？

1.改变，让自己变得更好

他人对自己不满意，一定是自己还不够好，那么，让自己变得更好，让对方更满意，这是解决烦恼的直接途径。所以，改变，是你首先要尝试的。

老板嫌你不够能干，那么你更加努力去工作；老婆嫌你回家太晚，那么你下了班就不要东游西逛，早点回家陪老婆；男友嫌自己不温柔、不漂亮，那么学着怎么样去温柔……先拿出改变的行动，不管你能改变多少，有了这个改变的行动，他人对你的满意度就会增加一分，那么你的烦恼就会少一分。

2.沟通，让他人接受这样的自己

改变，能改变多少呢？也许你努力了半天，你还是你。你天生就不温柔，让你温柔就如赶鸭子上架；你本就是一个平凡者，让你事业成功你可能永远都达不到。还有一些天生就注定的事情，你永远都改变不了：长得不帅，学历不高，家境一般，这些如何去改变？改变不了，怎么办？

那就只有和对方沟通，让对方接受这样的自己，自己固然有许多不足，但还有许多优点，让他人多看看自己的优点，不要总是拿着放大镜去照自己的缺点，谁也经不起这样的挑剔。沟通，让他人接受不完美的自己，这是令双方都不再烦恼的办法之一。

3.离开，双方都不用再烦恼

自己无法改变，对方又接受不了这样的自己，彼此都陷入烦恼之中，互相指责和抱怨："你能不能把你那些缺点都改改？真让人无法忍受！""我怎么做你都不会满意，我无法变成你希望的样子，我也很痛苦！"

怎么办？既然怎么做你对我都是不满意，与其都烦恼，不如离开好了。老板既然对自己不满意，那么我辞职好了；女朋友对自己不满意，那么分手好了；怎么样都成不了你眼中的好老公，那么离婚好了。到了这个时候，唯有离开才能真正解决彼此的烦恼，这是无奈之举，却也是令双方不再烦恼的唯一办法。

每个人都在寻找认同感，得不到他人的认同会让自己无限烦恼。我们无法令每个人都满意，我们都会遇到这样的烦恼。但是，可以心烦却不要混乱，要从他人对自己的挑剔中看到好的一面，只有对自己有所希望、在乎自己的人才会对自己有所要求，如果我们能因他人的挑剔而让自己变得更好，这未尝不是一件好事。能从积极的角度去看待别人的挑剔，就会不那么烦恼。

如果感到心烦可以让你去寻找原因，结束掉一段错误的关系，也会是一件好事。结束掉和老板的雇佣关系，去寻找更适合你的工作；结束和伴侣之间的恋人关系，寻找更适合自己的另一半；离开对自己感到不满意的那个人，去寻找更欣赏自己的人，当你终于寻找到那个对自己满意的那个人时，你会庆幸是曾经的烦恼促使自己作出了改变。

第四章

为什么有时候会莫名其妙地恐惧

你会对某样东西感到特别恐惧吗？你会自己吓唬自己直到自己产生恐惧吗？面对感情，你会不敢追求又特别害怕失去吗？你会为未来的一切都飘忽不定、完全不在自己掌控的范围之内而感到惶惶不可终日吗？那么，可以断定你得了恐惧症。恐惧影响了你对事情的判断，影响了你对事情的处理，最终影响了事情的发展走向，其结果正是你恐惧看到的结果。这就是恐惧症的可怕之处，它不仅影响了你的情绪，剥夺了你的快乐，还让事情往你恐惧的方向发展，越恐惧事情越糟糕。所以，赶快弄清楚你因为什么而恐惧吧，这是你离开恐惧情绪的开始。

特定对象恐惧症

恐惧，是每个人都曾有过的心理体验。它是一种有机体企图摆脱、逃避某种情境而又无能为力的情绪体验。恐惧时我们会一动不动，屏住呼吸，蜷缩，哭泣，心跳加速，呼吸加速，战栗，失声等等，恐惧令我们身心都不舒服。

每个人都有自己特别恐惧的东西，有人恐惧雷电，有人恐惧狂风，有人恐惧老鼠，有人恐惧猫狗，还有人恐惧打针、登高、潜水等等，甚至恐惧某一种人，总之，恐惧的东西是五花八门。有时候我们觉得一点都不恐惧的东西，别人觉得很恐惧；有时候我们觉得很恐惧的东西，别人会觉得不可思议："你怎么会对这些东西恐惧呢？"

这在心理学上叫特定对象恐惧症，顾名思义，特定对象恐惧症就是指对某种特定刺激无明显缘由地感到恐惧。这种恐惧症是怎么产生的呢？从生物进化的角度讲，特定对象恐惧症源于原始环境中普遍存在的危险，而基于进化论观点，有的人天生就害怕某些特定的刺激，有的人则是后天对某种特定危险产生了恐惧的条件反射，并在一段时间内无法释放，渐渐沉淀为潜意识，在遇到这种刺激时，产生病态的身体和心灵的反应。

有很多人都有心理恐惧症，据心理学家研究调查，这个比例超过60%。为什么我们会恐惧，我们究竟在恐惧什么？

蛇、蜘蛛有毒，坐飞机有可能失事，登高也许会摔下去，是事物潜在的危险性让我们感到恐惧。也可能你会恐惧你的老板，因为你可能从小就恐惧你的父亲，而老板和父亲都代表着权威，你恐惧"权威"。据调查，有"老板恐惧症"的员工比例超出60%。

孟强，一个公司的区域经理，五尺高的汉子，工作中雷厉风行，处理起事情来从容不迫，绝对是生活的强者。可就是这样一个强者，却特别怕一件事情，那就是坐飞机。

只要遇到乘飞机出差的情况，孟强就会变成一个"废人"。虽然说很多人坐飞机都会多少感到有些不安，但没有人像他这样这么严重的：登机前一天晚上会整夜睡不着觉，上飞机之后则提心吊胆，以前从报纸上或是别处听来的坠机事故，在脑子里像放电影一样一遍遍再现。

飞机起飞时，他更是紧张得要命。在飞机腾空的一瞬间，他紧闭双眼，双手紧紧抓住座椅扶手，手心里全是汗。飞机飞行过程中，他根本无法像别人那样轻松地休息、听音乐、看报纸，而是稍有颠簸就胆战心惊，这种状态一直持续到飞机降落。他走出机舱，整个人像打了一场大仗一样筋疲力尽。

为什么会这么恐惧坐飞机，孟强自己也不明白。他只知道，他不仅恐惧坐飞机，还恐惧坐电梯，小时候还恐惧坐云霄飞车，他想，他一定是有恐高症。

世界上一些事物天生就有令人恐惧的属性，比如，悬崖峭壁和饥饿的猛兽，这些东西充满了危险，所以人们在靠近它时会产生恐惧的情绪。恐惧会让人心神不安，影响人的胃，减少人的生理活力，使人心力衰弱，甚至会摧残一个人的意志和生命。

那么，人的这种恐惧心理究竟是怎么产生的？为什么同样一件事情，别人不觉得恐惧，你却觉得恐惧呢？

首先，恐惧产生于无知，你不了解某样事物，它本来没有什么危险，可在你的想象中却充满了危险性。例如，飞机、电梯，它们在大部分时候都是很安全的，但在你的想象中却充满了危险，所以你对它产生了恐惧。

其次，恐惧来自于条件反射。例如一个小孩本来不知道什么叫恐惧，他特别喜欢小狗，总想去摸摸它，每次当他把手伸向小狗的时候，大人就会大喊一声："小心，它会咬你！"大人的叫喊声吓坏了孩子，他立即收手，从此对小狗充满了恐惧。不仅害怕小狗，还害怕老鼠、猫、兔子一切类似的动物。

这个小孩的恐惧就是一种条件反射，是某种经验的产物。但当这个小孩长大以后，他就会通过很多直接或间接的经验得知，小狗并不可怕，起码没有自己想象中那么可怕，他的恐惧就会渐渐消失了。这也从另一方面说明了恐惧源于错误的经验或经验的缺乏，也可以说是无知。

当然，恐惧也可能来自于遗传，或自己胆小、内向、依赖性强的性格。所以说，某个人的恐惧看似莫名其妙，其实都有其形成的原因。那么，这种特定对象恐惧症该如何消除呢？

1.增长知识和见识

恐惧大多时候来源于无知，对事物的错误认知或判断。那么就唯有增加知识或见识，才能消除恐惧。例如学习风雨雷电的一些知识，你就知道这些是自然现象，在大多时候都不会给人造成伤害，那么就不会过于恐惧它。只有在个别时候才会给人带来伤害，这时你知道该用什么方法来保护自己。学习了这些知识，你就会很轻松地面对这些自然现象，根本不会恐惧。

有时候，恐惧的消失需要一些人生经验，也就是见识。随着年龄的增长，人生阅历的丰富，你对很多事物有了一定的了解和掌控能力，自然就不容易对这些事物感到恐惧了。

2.提高自己的心理素质

有些事物是会对人有一些伤害性的，比如蛇、凶猛的野兽、洪水等，对于这些具有明显伤害性的事物，我们必须提高预见力，对可能发生的危险做好充分的思想准备，最重要的是提高自己的心理素质，面对危险时要沉着冷静、临危不乱，而不是让恐惧感控制了自己，面对恐惧的事物时无所适从。

调适和消除恐惧的方法很多，关键在于个人心理障碍的扫除和自身心理素质的提高。事实上，真正令自己恐惧的可能不是某件事情或某样东西，而是恐惧本身，你觉得它可怕，它就可怕；你觉得它不可怕，它就不可怕。因此，消除恐惧，还需从自己的内心着手。

那些消极的心理暗示

我们以为自己恐惧的是某件事情，事实上，从心理学的角度讲，让人感到恐惧的不是事情本身，也不一定是某件事情所带来的某种结果，而是自己或别人给予的心理暗示。

这里所说的心理暗示就是自己或别人对自己的某种提醒，这种提醒引导自己去想象一些事情，这些事情未来可能会发生，也可能根本就不会发生。而这个想象的过程比可能要发生的事情更令你恐惧，它让过程变得痛苦难捱，每一分钟都度日如年，让你恨不得马上知道结果，又唯恐结果的发生。

因此可以这么说，恐惧由心生，心理暗示是元凶。

心理暗示究竟会给自己带来多么大的恐惧感？我们来看看下面这个故事。

赵莹拿着手机惴惴不安："他怎么不接我电话？他怎么不回我短信？他怎么两天了都没来找我？他是不是不喜欢我了，要和我分手？"

赵莹心里反复地想着这些，在屋里坐立难安，终于忍不住给朋友打了个电话。

朋友问她："你们以前每天都见面吗？每天都联系吗？他从来没有不回你电话、不回你短信的情况吗？"

赵莹肯定地说："是，以前从来都没有这样过。"

"照这样的情况看，他是不是有了别的想法，是不是不想谈了？我以前的男朋友也这样，玩了两天失踪，回来就跟我说分手，看来，你也要做好这样的心理准备。"朋友看似很理智地分析道。

"那我现在怎么办？是继续给他打电话吗，还是这样干等着他来找我？他要不来找我怎么办？"

"再等等吧，也许他只是忙，或者没听到你的电话呗。"

"行，那我再等等。"赵莹挂断了电话。

可是，等待的过程真是难熬，赵莹隔几分钟就看一下手机，心里惶恐不安："万一真像朋友说的那样怎么办？万一他真的要和我分手怎么办？究竟是哪里出了问题，我们也没有吵架闹别扭啊。"

赵莹一遍遍地这样问着自己，心里充满了即将失去男朋友的恐惧。

我相信很多恋爱过的人都有过这样的经历，有失去对方的恐惧。但是，什么是令我们最恐惧的？是真正失去对方的那一刻，还是担心失去对方的这个过程？其实，这个过程比结果来临的那一天更令我们煎熬，更令我们感到恐惧。

更糟糕的是，心理暗示不仅使我们对即将发生的事情异常恐惧，而且还严重影响了对事情的判断和对事情的处理方式。

赵莹又等了一阵子，男朋友依然没打电话过来，她淡定不了了，再次拨通了男朋友的电话，男朋友还是没接，她心里由恐惧变成了生气："哼，竟然故意不接我的电话，想分手也得说清楚！"

她有点失控了，一遍又一遍地开始疯狂拨打男朋友的电话，终于，电话接通了，那边传来男朋友愤怒的声音："你疯了，一遍又一遍地打。"

"谁让你不接我的电话？"赵莹大声说道。

"我在会议室开会啊，电话放在办公室，没带，怎么接你的电话？"

"那你昨天怎么没来找我？"赵莹依然怒气未消。

"昨天我加班到11点，你都睡了，怎么去找你？这两天特别忙，没时间和你联系，正准备今天下班去找你呢。"

"哦，原来这样，我以为……我以为你不理我了。"

"你以后再这样，我真的会不理你了。"

和赵莹一样，在心理暗示的作用下，我们会变得不理智，为了验证事情是不是如自己所想，有时会做出一些过激的行为，例如不停地打电话，不停地追问、埋怨，事实上什么都没发生，而你这种过激的行为，会令对方产生逆反心理，或许真的动了和你分手的念头，让一段本来可以顺利发展的感情出现很多波折。

这种心理暗示有时也会发生在其他方面，例如领导找自己谈话或者给自己调了一个工作岗位，你就会马上作出这样的心理暗示："看来，下一个被辞退的人就是我了。"其实，这只是正常的工作调动和安排，和辞退不辞退没有关系，而你却用这样的心理暗示让自己变得异常恐惧。

心理暗示不仅是自己暗示自己，有时也来自他人对自己的提醒，特别是朋友善意的关心也会造成负面的心理暗示。但不是所有的人都会对自己作出这样的心理暗示，也不是所有的人都会把他人的提醒变成心理暗示，从而产生恐惧心理。只有那些依赖性强、没有主见的人才容易受这些心理暗示的影响，因为这样的人更容易被自己和别人所诱导。

而且，有些心理暗示是会发生的，有些却是根本不会发生的，但人却会因为这些消极的心理暗示担惊受怕，恐惧不安。为一些子虚乌有的事情而受恐惧的折磨太不值得了！怎样才能改变这样的状况呢？

1.不要用过去的经验来吓唬自己

人为什么会产生恐惧，因为过往曾经受到过某种事物的刺激和伤害，一旦想象或者看到类似事物的前兆时，便容易产生恐惧，这就是"一朝被蛇咬，十年怕井绳"。

但是，并不是以前发生过一百次的事情，今后就一定会发生。例如你前面三个男朋友都是坏人，不代表这次碰到的就还是坏人，所以，不要用过去失败的经验来暗示自己、吓唬自己，那就会产生消极的心理暗示，令自己变得异常恐惧。

2.不要用未发生的事情吓唬自己

我们恐惧的事情有可能发生也有可能不发生，如果我们总是用未发生的事情来暗示自己，结果往往是被一些本不存在的事物所控制。例如公司遇到经营困境，我们就暗示自己：公司快要倒闭了，自己快要失业了，明天该怎么办呢？在这样的心理暗示下，你就会产生巨大的恐惧感。实际上，公司可能根本不会倒闭。或者说，即使倒闭，也不会在突然的情况下，公司会给你一个适当的时间去调整和寻找新工作，你纯粹是拿未发生的事情自己吓唬自己。

所以，不要拿未发生的事情自己吓唬自己，不要总是给自己消极的心理暗示，这是消除恐惧的有效方法。

恐惧就像人生命中的一块暗礁，阻碍我们前行的方向，所以，我们必须剔除掉生命里这些消极的心理暗示，不要因为过去而恐惧将来，也不要因为未知而恐惧现在，克服掉心中的阴影，恐惧自然会离开我们。

恐惧源于不可控

有时候我们不明白，人究竟在恐惧什么？为什么会恐惧？其实，恐惧这个词源于一个听起来像哭泣声的古撒克逊语，除了害怕和担心的意思以外，这个古撒克逊语还暗指某种不明之物在前方等待着我们。

前方究竟有什么东西在等待着我们？不知道。会不会给我们造成大的伤害，是不是在我们的控制范围之内？依然不知道。所以，我们恐惧的不是某样东西，而是这些东西是我们无法控制的。

的确，所有的恐惧情绪都混杂着一种要被伏击的感觉，前方有一些我们不愿意看到的事情有可能发生，这令我们特别担忧。例如恋人有可能会离开我们，安稳的工作有可能会失去，权利和地位有可能被他人夺走，这些事情发生后会导致可怕的甚至是灾难性的后果，这令我们想起来就不寒而栗。

现代社会中，人不可控的事情越来越多，因为未来充满了诱惑和变数，不确定的因素太多了，什么都有可能在顷刻之间发生变化，不安全感总是笼罩着我们，让我们始终处于一种恐惧的情绪当中。

不可控的事情令我们感到恐惧，反过来，因为恐惧，我们对事情的控制力会变得更差。比如，一个人觉得一件事情很难控制，于是心中就充满了恐惧，带着这种恐惧去处理这件事情，就会表现得畏首畏尾，效率极低，或者极端处理，最终将事情搞砸。所以，不可控——恐惧——更加不可控，形成了恶性循环。

李炜在家里走过来走过去，烟抽了一根又一根，女朋友已经三天不理他了，打电话也不回，这是他们认识以来情况最糟糕的一次。以前虽然也吵架，但只要李炜一认错，女朋友马上就会笑逐颜开，可这次女朋友是什么意思，她到底想怎么样？

李炜不敢想，一想就让他感觉到异常恐惧。他很爱自己的女朋友，想跟她一直这么走下去，走到结婚的那一天。可是女朋友显然没有像他爱她这么爱他，所以，他知道这不是一件他可以控制的事情。

他不想分手，一想到女朋友可能会离开他，他就几乎要崩溃。在这种情绪下，他没办法在家里待下去了，他扔掉手里的烟头，动身去找女朋友。来到女朋友的公司，女朋友刚好下班，和几个同事一块走出来。

他走到女朋友面前说："我们聊聊吧。"

女朋友面无表情地说："我什么都不想说，你先回去吧，各自冷静几天再说。"

"我冷静不了，跟我走！"

他去拉女朋友的手，女朋友甩开了。他有些生气，再次拽住女朋友的胳膊，女朋友想挣脱但挣脱不了。这时，女朋友身旁一个男同事走过来，使劲儿把他的手拿开，女朋友自由了，但李炜的怒火却被点燃了，他挥起拳头，朝着女朋友的男同事脸上就是一拳，那个男同事没有防备，一下子跌坐在地上，血从鼻子里流了出来。众人顿时愣住了。

女朋友大声朝他喊道："你怎么打人呢？你太可恶了，我要和你分手！"

"我……我不想分手！"听到女朋友的话，他更加恐惧了。

女朋友平复了一下情绪："你先回去吧，我们俩冷静两天再谈。"说完就走了。

李炜一个人愣在那里，不知所措。

李炜的一系列举动正是源于恐惧，而他的恐惧也正是源于对事情的不可控感，因为恐惧又使他无法控制内心的冲动，最终将事情推向更加糟糕的境地。

为什么恐惧会导致这样的行为和结果？因为恐惧会让人失去勇气，失去对自我和对事情的控制力，同时失去的也有我们的意志，以及对事情正确的判断力，做出令自己都无法理解的举动。

有些事情也许本来不会发生，但因为内心的恐惧会驱使自己去验证，去做出一些过激的举动，最后反倒使本来不会发生的事情发生了，原本恐惧的事情变成了事实。就如李炜一样，原本他和女朋友还没到分手的地步，但因为他的冲动，反倒使女朋友有了分手的念头。

恐惧会使人笼罩在不祥的阴云之中，时时担心不幸的事情随时会发生，正常的生活和健康的心态被打破，心情变得阴郁不快乐。这是一种令人生畏的情绪，他潜藏在每个人的内心深处，却实实在在地影响到我们的现实生活。

因此，恐惧是一种可怕的情绪，我们也许控制不了一些事情的走向，但我们必须学会控制内心的恐惧，而不是让恐惧控制了我们的言行，让事情更加不可控。

1.放轻松，以不变应万变

当感到恐惧的时候，我们应该怎么做才是最好的应对方法？其实没有别的办法，就是放轻松。就像我们即将和一个强大的令人恐惧的对手搏斗一样，越紧张动作越有可能变形，唯有放轻松，才能用最好的状态去应对，胜算的把握才会更大一些。

所以，面对一些不可控制的事情，恐惧没有用，除了让自己痛苦之外，对事情的解决一点帮助都没有。不如放轻松，理智面对，既然事情不可控，那么你做什么可能都没有用，不如以不变应万变，静观事情的变化。这样不仅可以使你消除恐惧感，对事情的最终进展也是有利的。

2.顺其自然，并非绝对意义的消极

顺其自然，很多人都很不屑于这句话，认为这是一种消极的人生观，不否认这句话确实有为自己不去努力争取找借口的嫌疑，但是在某些时候，这句话却是正确的人生哲学。

例如对于一些不可控制的事情，我们应该怎么办呢？与其去做些什么，还不如什么都不做，因为做什么都无济于事，反而可能让事情更糟糕。所以，不如顺其自然，把事情的结果交给时间、交给他人，等事情的结果初露端倪的时候，我们再去想怎么应对也不迟。

如果你能用这样的处世哲学去安抚自己的心情，恐惧感就会在不知不觉中消失。

恐惧就像内心的一个魔鬼，它几乎是人内心中最可怕的一种负面情绪。对于这样一种情绪，不能用蛮力，只能智取；不能和它较劲，要轻松面对。在对一些无法控制的事情心生恐惧的时候，不妨对自己说一句："还有比顺其自然更正确的人生哲学吗？"

患得患失的心情如此强烈

"给了甜蜜又保持距离，而你潇洒来去玩爱情游戏，我一天天失去勇气，偏偏难啊难忘记。"这是许多恋爱中人都有的心境。在恋爱中，我们的情绪是这么的莫名其妙，令自己都难以理解。想拿起，又害怕拿起，拿起了，又恐惧有一天会失去。

患得患失的心情是如此强烈，致使我们不敢接受，不敢付出；终于接受了，心里又不踏实，用不停的试探和考验来考察对方，在整个过程中心情反反复复、起起伏伏，难有平静的时候，本应该甜蜜的恋爱变成了一种折磨。

这是恋爱中的患得患失，许多人都曾有过的情绪。患得患失的心情不仅出现在感情世界里，在人生中的许多阶段都会有这种莫名其妙的患得患失：一份工作、一个职位、一个头衔、一种地位、一种生活，在未选择时，惴惴不安，心情异常忐忑，恐惧得不到，好不容易得到了还是惴惴不安，生怕守不住，害怕得到的这些有一天又没了。

在这种患得患失的心情下，人始终处于一种恐惧的情绪当中。

夏青和闺蜜吃饭，闺蜜问道："恋爱谈得怎么样？"

"不怎么样。"夏青有一点落寞。

"不怎么样？"闺蜜一脸诧异，"你不是说对他感觉不错，他对你也挺好吗？"

"就是因为这样，我的心情才有点沉重？"

"沉重？为什么？"闺蜜一脸纳闷。

"唉，怕自己会爱上他。"

"这我就不懂了，你不就是要找一个自己爱的人吗？"

"是啊，想爱又不敢爱，怕爱上他，怕自己太投入，怕将来没有好的结果，怕受到伤害自己无法承受。"夏青一连几个"怕"字脱口而出。

"你呀，就是一朝被蛇咬，十年怕井绳，受过一次伤就再也不敢爱了。每个人一生中只有一次恋爱是成功的，那就是最终和你结婚的那个人，其他不管你谈过多少次都算是失败，但你不能因为恐惧失败就不去谈，因为你也不知道这次是不是就是成功的那一次。'想爱就别怕伤害'，歌里都这么唱了，别这么患得患失的，你这样的心情，即便彼此相爱也很容易失去对方。"

"你说得对！我不能这么患得患失的，必须克服害怕受到伤害的恐惧心理，患得患失让我总是处理不好感情，更不容易有好的结果。"

"你知道就好，轻松一点，别如临大敌一样，弄得对方也紧张，希望你早日收获一段完美的感情。"

很少有人能一生保持从容不迫、悠哉平静的心态，每个人都会对某些事物患得患失，男人容易对职业、职位、权力、名利患得患失，女人容易对爱情、婚姻、家庭患得患失。所以，男人更容易对事业前途心生恐惧，女人更容易对感情产生恐惧，这缘于男人和女人重视的事情不同。

在患得患失的心情中，我们前怕狼后怕虎，什么事情都不敢做，对方的任何一个无心的行为都会引起我们的猜测，别人的任何一句话都会影响我们的心情，任何风吹草动都会被我们无限放大，胡思乱想。

人为什么会这么患得患失？就是因为太在乎，太把某个人、某件事放在心上，他的一点点变化都会引起我们的心理波动，让我们心生忐忑，坐立难安，无法正常地生活。

怎样才能少一分恐惧，多一份淡定和坦然呢？

1.不要过于关注细节

"细节决定成败"是一句老话了，可是有些事情成也细节，败也细节。当我们过于关注细节的时候，我们就会放大对方的言行。对方一句无心的话，我们会反复琢磨猜测，并放大对它的感受。

例如林黛玉，喜欢猜测别人的话是不是对她不利的，尤其是贾宝玉的言行。或者上司一句简单的批评，只是针对工作，没有其他任何意义，可是你却觉得是不是上司在下最后通牒：不喜欢你，要炒掉你，因此你惴惴不安，生怕明天就失业了。

过于关注细节让你对结果患得患失，总是恐惧不幸的事情明天就降临到自己头上，天天惶恐不安。因此，要想摆脱恐惧，别那么关注细节，俗话说"水至清则无鱼"，心大一点，对有些事情糊涂一点，不要想得过细过多，反倒不容易患得患失、心生恐惧。

2.算计名利，你就容易患得患失

"人生在世，名利二字"，俗世之人，谁能真正放下名利？心怀"名利心"，你当然容易患得患失。职位变动、暂时失业、失去财富，都会让你有一种强烈的不平衡，为这种失去耿耿于怀，恐惧自己的明天会因此受到大的影响。

"熙熙攘攘为名利，时时刻刻忙算计"，越是喜欢算计名利的人，越是对未来最恐惧的人。因为，欲望越大，恐惧越重，唯有放下名利心，才能用坦然的心境迎接明天，不再轻易为未来恐惧。

3.自信一点，你就不那么容易患得患失

患得患失，其实真正害怕的是失去：失去爱人，失去工作，失去明天的安稳，失去安全感，为什么这么害怕失去这些？是因为担心自己没有再拥有这些的能力和资本。

那么，想要克服这种恐惧的唯一办法就是增加自信。让自己变得更有魅力一些，失去了他依然自信明天可以遇到更好的爱人；让自己变得更能干一些，失去了工作，自信很快就能找到更好的工作。把安全感寄托在自己身上，你就不容易对一些事情患得患失，心生恐惧。

谁不渴望能永远拥有属于自己的东西？就像小孩子唯恐失去手中的玩具一样，我们也恐惧失去。怎么样才能消除因失去带来的这种恐惧感？其一是不要太在意手中的玩具，其二则是让自己具备能够买到更好的玩具的能力，唯有如此，才能克服患得患失所带来的恐惧感。

未来会怎样，究竟有谁会知道

"每次到了夜深人静的时候我总是睡不着，我怀疑是不是只有我的明天没有变得更好，未来会怎样，究竟有谁会知道？幸福是否只是一种传说，我永远都找不到。"赵传的歌唱出了很多现代人的心声：未来会怎样，究竟有谁会知道？这是许多人都担忧的问题。

现代人面临一个共同的问题：生存问题。社会节奏变快，竞争加剧，社会经济时时处于变动当中，增加了未来的不确定感，人人感叹："生存不易啊！"同时心中都会有一种深深的恐惧感：我的明天会是什么样的？能有一份安稳的工作吗？能有各种各样的保险吗？能买得起房子吗？能养得起孩子吗？能过得幸福快乐吗？当这些问题不能得到肯定的答案时，内心就充满了对未来的隐忧和恐惧。

如今"铁饭碗"的时代早已过去，很少有可以令你一辈子安枕无忧的工作，失业、频繁的跳槽、创业失败、收入微薄、生存压力的骤增……人人都感到一种巨大的危机朝自己袭来，这就是生存危机！

这些未来的危机，让我们产生了相当大的困惑。而是事实上，我们不仅对较遥远的未来产生恐惧，我们还会对即将发生的恐惧：不敢随便出门，唯恐遇到交通堵塞；不敢随便换工作，唯恐还不如上一份；不敢恋爱，唯恐情变；不敢结婚，唯恐过不好；不敢生孩子，唯恐养不起……未来的许多事情都让我们感到恐惧。

刘超已近而立，女朋友已经谈了好几年，朋友们问他："为什么还不结婚呢？"

"不敢结。"刘超无奈地说。

"为什么不敢结？"朋友疑惑地问。

"怕过不好啊。"

"婚姻不是一蹴而就的事，跟谁结婚都得磨合，不能因为担心这个而不结婚啊。"

"我不是担心两个人相处的问题，我是担心经济问题。我的工作很不稳定，收入又不高，还没买保险，没有积蓄，又没房子，哪敢结婚啊。婚姻需要一定的物质基础，就我现在的物质基础连个像样的婚礼都办不起，更别说养孩子了。谁知道将来会咋样，不敢结婚啊，一想起将来我都感到非常恐慌、不安。"

"你说得对！我也很没安全感，我也很恐惧将来，所以只好想办法努力挣钱。不过咱们也不用太恐惧，好多人都和我们的现状一样，都处于对未来的一种担忧中。总要生活下去，但要过得好也不容易，努力吧。"

故事中两人的对话是很多人的心声，许多人都陷入了对未来的恐慌中，这种恐惧感也波及到了孩子，为了让孩子将来不像自己这样对未来恐慌，从小就对孩子增加投资、加大压力：让他们上最好的幼儿园、小学、中学、大学，这样他们将来才能找到一份好工作，挣更多的钱，买得起房子，娶得起老婆。

孩子从小就被灌输了这样的观念：生存不易啊。

想到将来，心情就沉重、就不安，怎么办？不能天天处于这种恐惧当中，我们必须赶走恐惧，快乐地生活。

1.向前走，克服恐惧感

在恐惧心情的笼罩下，人不会快乐，但人都有让自己变得快乐的本能，因此，为摆脱负面情绪，都会尝试做出一定的改变。既然对未来的生存有恐惧感，那么就只有增加自己的生存本领，才能摆脱这种恐惧感。

所以，每一次恐惧都蕴含着向上的机会，学习充电、努力提高工作技能，发挥自己的特长，不管社会怎么改变，力争有一个安身立命的本事，有了生存的资本，底气十足了，就不会再有那么重的对未来的恐惧感。

任何一种负面情绪都不是绝对的坏事，蕴含着转变为正能量的契机，恐惧感逼迫我们做出改变，为未来而努力，增加竞争的能力，激发让我们去突破，去进步，去成长！所以，克服恐惧的方法很简单——向前走就是了！

2.活在当下，不过多地忧虑将来

"人无远虑，必有近忧"，这是中国的一句古话，它告诉我们，人要想生存得好，就要经常考虑将来，为将来做长远的打算。可是这样又会造成这样一种结果：人天天处于对未来的担忧和恐惧当中，无法好好享受现在。

所以，考虑将来也要适可而止，天天想着将来怎么办，经常处于一种对将来的恐惧当中，现在一定过得不快乐。因为未来会怎样，谁都不会知道，为未知的事情过多地忧虑和恐惧是愚蠢的，不如把更多的精力放到现在。因为唯有经营好现在，才可能有好的未来，好的未来建立在好的现在的基础上。

所以，好好活在当下，不要过多地忧虑将来，这可以让你摆脱对未来的恐惧情绪，这并不是教你逃避，而是一种生活智慧，唯有会享受现在的人才会拥有更好的未来。

未来会怎样，其实谁都不知道，但正是因为如此，我们才对未来充满了探究的欲望和奋斗的激情，那些对未来充满恐惧感的人首先是缺乏自信和承受力的人，唯有增强自己的生存本领，让自己的内心变得强大，才能从根本上消除对未来的恐惧感。

第五章
为什么有时候会莫名其妙地失落

　　失落源于失去，失去希望，失去名利，失去感情，失去习惯、失去一种感觉……不管你失去的是什么，但凡失去，人就会失落。人一生失去的大大小小的东西太多了，失去童年，失去青春，失去做梦的激情……有形的、无形的，各种失落伴随着我们。那么，怎样才能虽失去但却不失落呢？这需要你有正确的人生观、价值观、爱情观、名利观，最重要的是拥有自我。什么都可以失去，但永远不失去自我，这才是杜绝失落的根本办法。

期望落空必定失落

失落，顾名思义，失去然后觉得心里空落落的，一种很不踏实、很不舒服的感觉。失落是生命进展过程中自然发展的现象，失去很多有形的或无形的东西都会让我们感觉到失落，例如物质、情感、荣誉、名气、习惯、感觉等等。

但是，人不能因为害怕失去就不敢去拥有、去期待，没有期待的人生是灰色的，没有希望的人生是令人绝望的，所以，人活着必须有所期望，有了期望，人就有了活着的动力和奋斗的目标。

但是，如果期望过高，又会怎么样呢？必定会失望，然后就会失落。失去某样东西会失落，期望落空也会失落。当你经过长时间的等待、期望，满心欢喜，以为这样东西一定是你的，想象着拥有它的那一天是多么的幸福和快乐，到头来却发现所有的等待只是一场空，这个时候，失落的情绪就会俘虏你。

林萍在公司是骨干，工作中独当一面，深受上司的信赖。这次公司内部刚设立了一个新职位，准备在内部人员中挑选合适的人选，待遇比林萍目前的岗位要好。同事们都说，凭她的工作能力和上司对她的信任，这个职位非她莫属。

林萍本来没有这么想，但听到同事们个个都这么说，心中也充满了期望。天天盼望着宣布结果的这一天早日到来，想象着如果有这么一天，她要请同事们吃饭，请家人吃饭，庆祝自己在事业上有了更大的进步。这样想着，她就开心得不得了。

终于到了宣布结果的那一天，但令所有人大跌眼镜的是，这个职位的人选不是她！是另外一名从外面招聘的人员。这让林萍一下子无法接受，原本信心满满、胜券在握，现在感觉一下子从天上掉到了地上。

这让林萍感觉到非常失落，对工作的兴趣一下子减少了许多，好几天都呆呆的，什么都不想干，原本工作带来的成就感也一下子消失了。

每个人都对自己有所期望，想升职、想加薪、想上进，期望自己更优秀；每个人也会对他人有所期望，期望他人会更爱你，更欣赏你，对你更好，期望他更有能力、赚更多的钱等等，总之，最好是比你想象中更好；每个人也会对社会、对世界有所期望，期望社会和谐、秩序井然等等。但期望未必一定如愿，期望与现实之间总有落差，一旦期望落空，就会陷入巨大的失落中。

特别是那些好高骛远或事事都追求完美的人，最容易陷入这样的失落中。自己或他人所做的没有自己期望中那么好，事情的发展不像期望中那样，就会感到特别的失落。失落对自己是一种打击，也是一种伤害，尤其是当失落的次数过多，就会对自己造成许多负面的影响——不敢再期望，不敢再去为期望奋斗。

那么这种失落感会成为你追求明天的障碍，越失落越不敢追求，越不敢追求越失落，最终使自己陷入恶性循环之中。

每个人都会有失落的情绪，失落后应该怎么办，是在这种情绪中闷闷不乐，郁郁寡欢吗？那只会成为情绪的奴隶。每个有期望的人都是对自己或对他人、对人生有所要求的人，都不会允许自己在负面情绪中过于沉沦，那么，在失落中重新审视自己、审视他人、审视现实，调整自己的期望，拥有合理的期待，不再失落。

1.正确看待自己

期望落空，首先是对自己的期望落空。如果我们能全方位地审视自己，从自己的性格、能力、优势、劣势各个方面客观地看待自己，对自己有正确的认识和定位，就不会高估自己，因而也不会给自己过高的期望，从而就可避免失望和失落。

如果我们总是给自己制订那些高于自己实力的目标，就会总是失望和失落，久而久之，就会影响自己的信心，做事情会更加难以成功。因此，正确看待自己，给自己合理的期望，方可避免失落，并有助于建立自信。

2.别对他人期望过高

其实，对自己失望带来的失落并没有那么难以承受，让我们难以承受的总是对他人的失望，因为人大多对自己宽容，对他人挑剔。

例如对朋友失望、对恋人失望、对亲人失望，我们在乎对方，爱对方，信任对方，认为对方也应该这样对待我们，甚至回馈我们更多，但对方却让自己失望，尤其是恋人之间，更容易对彼此失望。

因为无论男女都会很容易对恋人有更高的期许，会很容易相信对方的承诺，也很容易被认识初期所展现的优点所迷惑，因此，也很容易对对方失望，总觉得他人没有自己想象中那么好。其实，想象就是自己寄予了对方更高的期望，他没有变，他没有对你不好，只是你之前对他期望过高。

因此，对他人更不要期望过高，因为人有时连自己都无法控制，所以更难左右他人的言行，凡人都会做错事，都有可能说到做不到，这样去看待一个人，你得到的不是失落，有可能是惊喜。

3.看清现实合理期待

有时候看清楚了自己或他人，依然会有期望落空，这是为什么？因为没有看清楚现实。看看自己周遭的环境和客观情况，看看社会的发展变化，然后再给自己合理的期待，就不容易失望。

有时即便你一切都看清楚了，依然会期望落空。因为意外——任何时候都有意外，我们无法估计意外，无法控制意外，当意外发生，干扰了事情的发展和走向，我们原本的期待成了一场空，于是，失望、失落的情绪必然随之而来。因此，合理期待之余还有要面对意外发生的心理准备。得意时坦然，失意时淡然，是摆脱失落情绪的真正良方。

当一路繁华突然谢幕时

失落的情绪可怕吗？或许我们觉得它不是负面情绪里最可怕的，起码没有恐惧可怕，没有放纵可怕，没有厌世可怕，但是，任何一种负面情绪如果不及时阻止、调整，而任由它蔓延自己的身心，都会带来可怕的后果。

有人曾这样说："贫贱者易生焦渴，富贵者易生厌倦。然而，贫贱者的焦渴是处在幸福的入口之处，还有追求的目标及种种希望；富贵者的厌倦则是面临幸福的出口,繁华幻影已在身后破灭,前面只有目标丧失的茫然和清寂。"

就像在人生的旅途中,你经过一段绚烂无比的风景,让你炫目、狂喜,突然,这一路繁华从眼前疾驰而过,你恋恋不舍,禁不住回头张望,可是这一路繁华离你越来越远,越来越远……让你心中无限怅惋、无比失落。

生活中的很多人都有这种类似的心理体验,你曾经获得过巨大的成功,过着一掷千金的奢侈生活,可突然从成功的顶端跌落下来,变得一贫如洗;你曾有拥有某种身份、权势、地位,突然一夜之间全部失去。这样的情况任谁一时之间都无法适应,都会非常地失落。

没有人一生成功、一生辉煌,当你从高潮跌落低谷,当那一路繁华突然谢幕,你能适应这期间的变化吗?

贾明,最近天天憋在家里,一包又一包地抽着劣质香烟,一瓶又一瓶地喝着啤酒——小商店里最便宜的那种。他狠狠地掐掉一根烟头,骂道:"妈的,老子现在穷得连一根烟都抽不起!"

这样的生活落差让他难以适应,上个月他还是公司的总经理,现在,他的生活还不如一个蓝领工人,这让他感到太失落了。

虽然他不算是个"富二代",但曾经也算是个成功的小企业家,尤其是他还这么年轻。小时候,他的家境虽然不是特别富裕,但也是小康之上,父亲办了一个小厂,经营得不温不火。他大学毕业后,父亲把这个小厂交给他管理,在他的努力下,厂子的效益突飞猛进,很快成为这个城市的明星企业,他也成了这个城市最年轻的企业家。

各种荣誉接踵而来,身边吹捧、巴结、拍马屁的人越来越多,各种公的、私的应酬也越来越多,他的生活渐渐奢靡起来。或许是自己的生活有些放纵了，放在厂子上的精力太少了，厂子的效益急转直下，一下子到了破产的边缘。他这才开始着急，想办法急救，无奈已经无济于事。厂子倒闭了，员工被遣散了，他曾经拥有的一切都没有了。

他还没来得及好好享受成功的滋味儿，一切都已经谢幕了，这突然的变化让他猝不及防。他天天呆在家里，大门不出，二门不迈，昔日巴结、奉承他的人早就没影了，他一个人抽着劣质香烟，喝着劣质啤酒，用无尽的失落凭吊着辉煌的过去……

贾明的失落我们都能够体会，谁不想永远处于人生的辉煌阶段，永远与成功为伍，但人的一生犹如四季，有炽热的夏季就有寒冷的冬天，你不能只接受灿烂的夏阳，而拒绝湿冷的白雪；谁不想永远站立于时代的浪尖上，但是后浪逐前浪，这是人生的规律，我们不能只享受时代弄潮儿的精彩，而不愿接受退居幕后的平淡和寂寞。

人的一生不可能永远呈直线上升，那不符合人生的规律，高低谷是人生的常态。不过，有的人失落是因为接受不了人生的低谷，而有些人则是因为走到了人生的高潮期突然倍感失落，接着看破红尘，自动谢幕，离开辉煌的人生轨道。

那些在大城市里拼搏多年、拥有了成功事业和优裕生活的成功人士，却在这时卸甲归田，离开大城市，到丽江、大理或到农村去过最淳朴的生活。他们的行为让普通的老百姓感到不可思议，他们是活腻了还是脑袋抽筋了？

其实，都不是！他们是因为——失落。

失落？你会说，真矫情，什么都有还失落，让我们这些什么都没有的人可怎么活！其实，他们不是矫情，是因为欲望已经得到满足和成功后目标的丧失，因而有了一种深深的失落感，所以他们需要寻找新的生活方式或新的生活内容，来填补自己内心这种强烈的失落感。

也许你对此不能理解,那让我们来看看西方哲学:"人生最大的不幸有二:一是自己的欲望总达到不了,一是已经达到了。"再来看看一位成功者的话:"我原来的欲望全都实现了,该享受的东西我也全享受过了。我现在已看破红尘,觉得一切都没有什么意思,我只想入佛门修身。"

欲望实现了,怎么反而会失落呢?因为人在追求欲望的过程中,是怀着强烈的希望和渴望的,是提着一股劲儿全力以赴地追求目标,而欲望达成时,这股劲儿消失了,目标也消失了,心里有一种被掏空的感觉,所以感到特别地失落。

而下一个生活目标是什么,暂时还不知道;或者我已经体会过成功的滋味,也不过如此,这种滋味儿对我已经没有吸引力了,我不想再去追求了,因而把目光转向了别处。

得到之前,特别渴望,得到之后,好像又不是我所要的,这是失落的真正原因。

那么,该如何填补或转移这种失落?

1.你不可能永远是舞台的主角

人生像一幕大剧,今天,你有幸成了舞台的主角,在配角的映衬下熠熠生辉,享受观众的掌声和喝彩,但是,有其他的演员来抢占你的位置,配角们也在力争成为主角,观众会喜新厌旧,舞台不可能永远属于你,你不可能永远是舞台的主角。

这不是你的失败,这是人生的规律,你已经享受过人生的繁华,此时,应该谢幕,退居幕后,归于平淡。绚烂之极然后归于平淡,这是人生意义的另一种升华,如果你能明白这个道理,何来失落呢?

2.人生处处皆舞台

如果你真的不甘心退居幕后,归于平淡,或者你厌倦了这个曾经实现过你梦想的舞台，那么不妨开拓新的舞台。人生处处皆舞台，在另一个舞台、另一方天地，你依然能寻找到再次展现自我的机会，在一个舞台上谢幕，在另一个舞台上你可以再次成为主角。

人生就是一个成功—失败—再成功—再失败的轮回，每一个轮回你都在成长、进步，每一个轮回都有不一样的精彩。最终，无论你是以成功谢幕，还是以失败谢幕，你都是人生的胜者，何必失落呢？

那一路繁华突然谢幕，这句话看似伤感，其实应该欢喜，为何？因为大多数人的一生默默无闻、平平淡淡，而你曾经经历过繁华，即便最终依然归于平淡，你也比别人收获良多，有什么可失落的呢？

谢谢你赠我一场空欢喜

"感谢你赠我一场空欢喜，我们有过美好的回忆，让泪水染得模糊不清了。偶尔想起，记忆犹新，就像当初我爱你，没什么目的，只是爱你。"

多么美丽的句子，就算从来没有爱过的人，也会为这样的句子而感到伤感，而爱过的人，读着这样的句子，却是异常地失落。

"谢谢你赠我一场空欢喜！"我在我的个性签名里这样写道。我当然应该欢喜，因为你让我知道了爱是什么滋味儿。谢谢你赠我一场空欢喜，这句话带着些许恨意，因为这只是一场空欢喜。

我们在一起整整三年，那是一段多么甜蜜的时光啊，我不曾有过犹豫，不曾有过怀疑，我相信你就是我这一生要相守的那个人。我曾经不敢相信上天竟然给我一份这么纯洁、这么完美的感情，当别人都在怀疑真爱的时候，我告诉他们，我相信爱情。我相信爱情，因为有你！

就在我准备让这份感情开花结果的时候，你却给我了一个晴天霹雳："我爱上了别人！"

"你爱上了别人？"我没有听错吧，怎么可能！你怎么可能爱上别人？这个一会儿不见我就失魂落魄的女孩，这个为我的一句话就笑得前仰后合的女孩，这个因为我随手送的一个小礼物就感动得泪眼婆娑的女孩，这个一心一意只想做我的新娘的女孩，怎么可能爱上别人？

但是，你告诉我："是的，我真的爱上了别人。"

"为什么？"我问。

"因为和他在一起，才是爱情，和你在一起，像过家家。"

"过家家？"我无法理解。

和他在一起才是真爱，我们这三年都是在过家家？我欲哭无泪。我该怪你欺骗了我、背叛了我吗？不，你没有！如果你们在一起才是真爱，那么，我才是多余的。

我现在没有愤怒，甚至那些许恨意也慢慢消失了，有的只是失落，无尽的失落，因为你带走了我的欢喜，三年的感情付之流水，成了一场空。但是，我依然要谢谢你，谢谢你赠我一场空欢喜，因为即便最终是一场空，我也曾经欢喜过。

好伤感的一个故事，故事的主人公心中的失落快要蔓延成河了。什么是失落？失落不是痛苦，但胜似痛苦，它是一种无法言说的痛。故事的主人公用淡淡的口吻给我们讲述了他失落的心情，虽然没有愤懑、没有喊叫、没有仇恨，却更让我们感觉到了他心中强烈的痛苦。

失落不是撕心裂肺的情绪，它没有强烈的表现形式，但它给我们的心灵带来的伤害却不像它的表现那么轻描淡写。一个人长期处于失落的情绪中，就犹如一个小虫子啃食他的心，虽然一下一下没那么疼痛，但时间长了，也能啃下一个大的伤疤来。

因此，失落，浅尝辄止，不可痛饮，浅尝或可怡情，痛饮必定伤身。不可在失落的情绪中浸淫太久，除非你喜欢自虐。

可是，面对一场空欢喜，有谁能马上放下、马上释然呢？除非从来没爱过，除非那份爱也是浅尝辄止，但凡深爱过，一旦失去，令谁都很难马上缓过劲儿来，失落必定不会那么快就离你而去。

那么，该如何和失落说拜拜呢？

1.曾经爱过，弥足珍贵

爱情有三个境界：占有、责任、奉献。占有是将对方看成自己的私有财产，是最低的境界；责任是指不管任何时候，自己都要尽到责任去关心对方；奉献是指自己愿意为对方付出一切，包括离开，这也是爱情的最高境界。

如果一个人的爱情观只停留在最低的境界中，将另一半看成是自己的私有财产，那么当对方离开时，就会觉得自己失去了很多，会非常失落。如果我们能将自己的爱情观升华到最高境界，那么当对方离开时，你只有遗憾，而没有痛不欲生的失去感，也就不会那么失落了。

如果不能天长地久，那么曾经拥有也很珍贵。即便最终是一场空，那么曾经欢喜也很欣慰。

2.爱情没有谁对谁错

除非故意欺骗或背叛，否则爱情没有对不起，更没有谁对谁错，只有爱或不爱了，爱就在一起，不爱就离开。

所以，如果对方离开了，那只能表示对方不再爱你了。你没错，对方也没有错，你失去了一个你爱的人，对方失去了一个爱他的人，究竟谁损失更大，很难衡量。但是如果你非让自己去承担所有的错，或者把所有的过错都归结到对方身上，那只会让自己受到伤害，无限失落。

爱情没有谁对谁错，你失去的是一个不爱你的人，但你拥有了去寻找一个爱你的人的机会，何必失落。

3.是空欢喜，但不是白欢喜

失恋的人很脆弱，无论平时自恃多么强大，这个时候都容易自卑感发作，把对方的离开看作是否定自己。其实，分手的原因有很多，很复杂，不一定是你不好，或许是对方的原因。即便对方真的认为是你做得不好，甚至一无是处，你也能从这场恋爱中收获许多。

比如你知道了什么是爱，该如何去爱，知道自己有哪些不足，该如何面对爱情世界中的分分合合等等。这场空欢喜让你失落，但却让你成长，让你变得更强大。这场恋爱虽然是场空欢喜，但不是白欢喜一场，你一定会用内心真正的成熟和长大换取那点点的失落。

爱情是两个人的欢喜，当其中一个人想要结束这份欢喜，你不管有多么的不舍，也唯有接受。失去这份欢喜令你失落，但你同时也收获了许多。所以，"谢谢你赠我一场空欢喜"，这不止是一份无奈、一份埋怨、一份失落，也是一份真心的感谢！

当一种习惯被打破

习惯的力量是巨大的，当你习惯了某物、某人、某一种生活状态、某一种味道、某一种感觉，你的内心是舒服的、充实的，但是，一旦将这种习惯打破，你就开始不适应，强烈地不适应，什么事情都做不了，只有一种感觉陪伴着你——失落。

你习惯了和同学们朝夕相处的日子，突然放暑假了，你失去了同学们的欢声笑语和陪伴，不习惯，失落；你习惯了和孩子天天在一起、分分秒秒都在一起的日子，孩子却要上幼儿园了，一天你都见不着孩子，不习惯，失落；你习惯了和最要好的哥们儿或者闺蜜在一起谈天、疯闹的日子，他却要离开你了，不习惯，失落；你习惯了被一个人爱的感觉，突然有一天他告诉你，他不再爱你了，你能习惯吗？你能不失落吗？

还有，你每天都在为一项工作努力，无比投入，有一天这项工作完成了，你突然备感失落，因为，努力工作的状态被打破了。

当一种习惯被打破，谁都会不习惯，都会引发失落感。就像公路上一辆疾驶的汽车，你若突然在它前面放一个障碍物，估计它就要翻车。车有惯性，当它的惯性被打破，它就会有不适感，发生危险。人更是如此，当人的惯性被打破，人就会有强烈的不适应感，出现失落的情绪。

所以，有时候我们无法理解自己或他人的失落感，觉得这人怎么这么怪啊，又没有失去什么，失落个啥呀？其实，他是失去了一种习惯。所有的失落情绪都和失去有关，不管你失去的是有形的东西还是无形的东西。

不过，你习惯的往往是你在乎的东西，是你投入了情感的事物，否则，你失去这个习惯不会那么失落。比如有个人天天陪在你身边，但你并不在乎他，所以即便有一天他离开了，你也无动于衷，根本不会失落。所以，这里的习惯是心理的习惯，而不是形式上的一种惯性。

李岚是个全职妈妈，从孩子出生那天起，她就和孩子天天待在一起，孩子的吃喝拉撒事无巨细全是由她打理。从早上醒来到晚上睡去，每一分每一秒她都和孩子待在一起。孩子喜欢什么，讨厌什么，孩子的性格秉性她都了解得清清楚楚。她习惯了孩子每天在她面前跑来跑去，大呼小叫，一声又一声地叫她"妈妈"。孩子的一颦一笑、一嗔一怒都让她感到特别贴心，有孩子陪伴的日子，她感到特别充实。

但是，孩子三岁了，要上幼儿园了。这一天，她把孩子送到幼儿园，回到家中，感觉一切都不对劲，家里太安静了！没有人不停地叫她"妈妈，妈妈"，没有人问她要这要那，没有人撒泼打滚让她教训或者安慰，也没有人睡觉让她陪，她一下子觉得无事可做。

不，并不是无事可做，有一大堆衣服没洗呢，家里的卫生还没搞呢，但是，她一点都不想动，平时，她都是忙里偷闲，一边看着孩子疯闹，一边做家务，今天有大把的时间她却什么都不想做。只觉得，好失落啊，好像失去了什么东西，好不习惯。

她躺在沙发上，呆呆地望着天花板，想着孩子在幼儿园怎么样啊，有没有想她，有没有哭闹，适不适应幼儿园的生活？她像丢了魂儿一样，好不踏实。

李岚失落的原因显而易见，一种生活状态被打破，所以不习惯，因而失落。她习惯了和孩子在一起的日子，一旦孩子从她的生活中抽离出去，她就特别不适应，有一种强烈的失落感。

失落会让你有种无所适从的感觉，会让你觉得少点什么的感觉，做什么都不对劲儿。本来这个时候，是应该有个人陪着你的，有个人爱着你或让你爱着，有个人让你习惯着，可是现在这个人暂时或者永远从你生活中消失了，你能习惯吗？所以，你失落了。

因为习惯被打破而失落的情绪可大可小，要看这种习惯能不能再回到自己的生活中。例如放暑假了，失去了同学们的陪伴，但你知道开学了依然可以和同学们在一起，所以你的失落不会太大。或者像事例中的妈妈那样，虽然她很不习惯没有孩子陪伴的分分秒秒，但她知道，放学了孩子就回来了，所以，她的失落最终也能调整好。

可怕的是那种永远不会再回到自己生活中的习惯，例如爱人从自己的生活中突然离去，再也不会回到你的身边；最好的朋友和你分别，很久将不会再见面。这些才会让你备感失落，而且你的失落有可能会很长时间都挥之不去，让你的身心都备受折磨。

那么，我们唯有重新建立习惯，才能习惯"习惯被打破"的日子。

1.重新回到习惯中

重新回到习惯中，很简单，重新建立被打破的习惯。例如重新回到同学们或朋友的身边，重新回到曾经熟悉的工作状态中去，重现回到以前的习惯，那么你的失落自然就会消失了。

有时候，一种习惯被打破是暂时的，根本就不必过于失落，因为你很快就会再拥有以前的日子。

2.转移目标，寻找新的习惯

当习惯被打破以后，我们很不适应，会不由自主地想着曾经习惯的那个人、那种感觉，在回忆中更加失落，更加不习惯现在的日子。所以，这个时候，我们必须从过去的习惯中抽离出来，转移目标，寻找新的能吸引自己注意的某个人、某些事情。

例如一项工作结束了，我们可以迅速投入到另外一项工作中去，让自己无暇失落；失去了爱人陪伴的日子，我们可以寻找朋友的陪伴和慰藉，忘记曾经习惯的那个人，或者去寻找另一个值得自己爱的人。

总之，不管做什么事情，只要能转移目标，找到新的令自己习惯的人和事，让自己的心灵重新变得充实，才会从失落的情绪中解脱出来。

3.习惯"习惯被打破"的日子

当然，也可能我们再也回不到原来的习惯中去，也无法在短时间内找到新的令自己感到充实的目标，习惯彻底被打破了，而新的习惯一时之间无法建立，这个时候，是失落感最重的时候，再多的语言也无法安慰心中的失落，这个时候该怎么办呢？

只有一个办法，交给时间，调整心情，让自己习惯"习惯被打破"的日子。时间是治疗一切负面情绪的良药，时间会让你渐渐忘记曾经习惯的某个人、某些事，让你慢慢从失落的情绪中走出来。但是，这不是被动的等待，而是积极的调适，要学会自己开解自己、鼓励自己、升华自己，配合时间，失落会渐渐远离你的世界。

习惯实质上是一种心理依赖，当硬要从你心中拿走这个依赖的时候，你的精神世界势必有想要倒塌的感觉，这个时候我们要做的无非是三点：第一，抢回这个依赖；第二，建立一种新的依赖；第三，让自己慢慢适应没有依赖的日子。做到这三点，你就可以和失落说"见鬼去吧"。

我需要一种被需要的感觉

有时候，人的失落来得特别莫名其妙。

比如有个人特别需要我们、依赖我们，没有我们他就活不下去，在我们的陪伴下，他非常幸福和快乐。同时，我们也觉得，能被他人需要和依赖，自己也感觉非常幸福。

但是有一天我们却发现，他不再需要我们了，没有我们的陪伴他依然很快乐，或者他找到了新的依赖，在他人的陪伴下他甚至比以前还快乐。

这个时候，我们心中会是一种什么感觉？失落。

失落，我们究竟失去了什么，会这么失落？我们失去了被需要的感觉。我们不再被他人需要了，不再被他人依赖了，这让自己非常地失落，因为这让我们觉得自己对他人来说不再重要了。这让自己好沮丧，这让自己觉得自己是可有可无的，没有什么存在的价值，这种感觉让自己很失落，而且这种失落感还无法向他人形容。

是的，这种莫名其妙的失落感是他人无法轻易理解的，就连自己一时之间也不知是怎么回事儿，只觉得好失落，却不明白自己这是怎么了，究竟在为什么失落。

我们分析一下这其中的心理。很多时候，我们以为别人在依赖我们活着，实际上，我们在依赖着别人的依赖活着，当别人不再依赖我们的时候，我们的精神世界就会轰然倒塌。这个时候，我们就会感觉到失落。

就像父母和孩子之间，孩子在小时候非常依赖父母，需要父母，没有父母的照顾和陪伴，他无法好好生活。但是有一天，孩子长大了，可以独立了，他不再那么需要我们了，他总是想飞出去，离我们越远越好，这个时候，父母就会感觉到非常失落。特别是当孩子有了另一半之后，相对于父母来说，这个时候，他更需要他的另一半，这时，父母心中的失落真的是无以言表啊。

这个时候，我们才明白，我们以为是孩子需要父母，实际上，是父母更需要孩子。

是的，我们需要一种被需要的感觉，被他人需要让自己觉得很幸福，而不被他人需要却让自己有种被遗弃的感觉。

我们不光需要被人需要，我们还需要被工作需要、被某个团体需要、被这个世界需要，这种被需要的感觉被满足了之后，那种幸福感也是无以言表。反之，若这个世界上没有任何人需要我们，我们存在也好，不存在也好，甚至我们马上从这个地球上消失，别人都没有任何反应，这个时候，心中强大的失落感让自己简直想自杀。

沈林和女朋友在一起半年多了，他感觉非常幸福。他喜欢和女朋友在一起的感觉，喜欢女朋友的温柔、善良、小鸟依人，特别是女朋友特别依赖他，很多时候都需要他出主意帮忙，而他也总是能把女朋友照顾得很好。女朋友总是说和他在一起，自己永远都不用长大，因为有他。这让他心里特别满足，被他人需要的感觉真好。

但是，女朋友的性格也太柔弱了，这让他有点担心，因为自己不可能24小时陪伴她，自己不在她身边的时候，有人欺负她怎么办？遇到了困难怎么办？所以，他觉得，女朋友需要学着独立、坚强、勇敢，学着自己照顾自己，当然自己也会永远照顾她的。

于是，他决定要培养女朋友变得独立、坚强一点。这以后，有了什么事情，他让女朋友自己拿主意，如果是对了，他就不吭声，错了，自己再提意见；遇到了什么事情，让女朋友自己去解决，实在解决不了，他才帮忙。

在他有意识的训练之下，女朋友的性格确实有些改变。生活中的许多事情不再问他了，工作上也比以前干练多了，很多时候还给别人出主意帮忙。总之，女朋友不再那么依赖他了，有时候还嫌他烦，管得太多。也不再像以前那样喜欢黏着他了，甚至说两个独立的人之间应该有点距离。

这让沈林突然接受不了，心中特别失落，怎么回事？女朋友好像没以前那么需要他了，这不是他要的结果啊。女朋友成熟了，长大了，他却失落了。他甚至觉得，女朋友没有以前那么爱他了。唉，好失落啊。

沈林的失落你能体会吗？当我们发现本来特别需要自己的人不再那么需要自己的时候，心里会特别地失落。也许有些人会觉得，好怪啊，这有什么好失落的。但，人的情绪就是这么微妙。被需要会让人觉得自己存在的价值，简单地说，就是觉得自己是有用的。一旦觉得不被他人需要，就会产生一种自己无用的挫败感，因此就会感到失落。

尤其是沈林，被自己的女朋友需要，会大大满足他男性的自尊。反之，就会感到不被重视，因而失落。

所以，人活着，不仅需要他人，也需要被他人需要。究竟需要和被需要哪个更幸福？很难分清楚。但是，需要和被需要无法割裂开，就像爱和被爱一样。不过，需要和被爱是一种被动的享受过程，被需要和爱却需要自己主动去付出，有时候，这个主动的付出会让人觉得更幸福。

  因此，我们兜兜转转寻寻觅觅想找到一个自己爱的人，为他付出，让他需要自己，离不开自己，其原因或许是因为我们每个人都需要一种被需要的感觉。

第六章

为什么有时候会莫名其妙地生气

有人特别爱生气，有人突然就生气，有人有时候会莫名其妙地生气，为什么？他们都是因为什么生气？他们生气总是让身边的人感到无所适从，他们的气从自己身上传播到别人身上，他们不快的情绪也传染给了身边的人，所以，生气是一种会扩散的坏情绪。今天，就让我们来弄清楚人为什么会莫名其妙地生气，学习一些"消气"的方法，从此以后，不再轻易生气。

身体不舒服，心情也会不好

说起生气，大家觉得这不算是什么怪情绪，谁没生过气？谁没动过怒？谁没发过脾气？所以，生气不算什么怪情绪。但是有些时候，有人会莫名其妙地生气，让别人弄不懂："谁招你惹你了，你要生气？""刚才还好好的，怎么突然就生气了？"

对，情绪有时就是这么怪，没有征兆，猜不出原因，让被波及的人毫无防备，不知所措。

生气的原因可能有很多，但有一个原因是我们最容易想到的，那就是身体不舒服。在所有的情绪里，最容易受到身体影响的，就是生气。因为生气，生的是"气"，"气"来自于身体。当身体不舒服的时候，我们的心理会变得脆弱，情绪会变得烦躁，这个时候特别容易生气。

身体不舒服的时候，或许是想找一个方式转移或者发泄一下身体的痛苦，所以，我们就选择了生气。这个时候，谁靠近我们，我们就会对他生气，就算是对自己好，我们也会对他生气，让别人觉得："你这人真是莫名其妙，不知好歹，懒得理你。"反正这个时候，我们很容易迁怒他人。

要是这个时候，谁刚好惹到我们，那更了不得了，恨不得和他打一架。

即便没有受到他人或事情的影响，我们也会生气，自己和自己生闷气。这气确实生得莫名其妙。

为什么身体不舒服的时候人容易生气呢？因为人生病的时候，身体很痛苦，身心是连在一起的，因而心里也会痛苦，这种痛苦无处转移、无处发泄，就会忍不住要生气。

陈蓉躺在床上，眼睛望着天花板，想睡睡不着，想坐起来又觉得没力气，她已经躺了快一下午了，只觉得四肢无力，头脑发涨，浑身像火一样，她觉得这个时候自己如果能爆炸了可能要舒服很多。

这个时候，老公端了一碗面条进来了："老婆，吃饭了。"

"不吃，端走！"陈蓉凶巴巴地说。

"哎呀，你中午都没怎么吃饭，晚上再不吃，会饿坏的。"

"饿坏就饿坏，反正现在已经坏了。"

"那怎么行呢，饿坏你我会心疼的。来吧，吃完我做的这碗面条，再吃点药，好好睡一觉，你的感冒就会好了。"说完，老公把面条端到陈蓉面前。

陈蓉厌恶地把碗推开："你烦不烦啊，都说了不吃了。"

"少吃点，少吃点，多少吃点有力气是不是？"老公讨好地把碗凑到她嘴边。

"啪"的一声，陈蓉把碗一下子打落在地上，面条撒了一地，碗碎了……

老公愣住了，有点不知所措，半天才委屈地说："你这是怎么了？我好心好意给你做的面条，你怎么那么大气呢？我惹你了吗？"

"你没惹我，我现在没胃口，啥也不想吃。还有你把客厅的电视关掉，好吵。你别理我，我现在很不舒服，只想发脾气。"

"那，好吧，那我不打扰你了，你好好休息，需要我就叫我。"老公说完离开了房间。

看陈蓉这"气"多大，她这气生的让丈夫看来确实挺莫名其妙的。还好丈夫很包容她，知道她生病了，没有和她一般见识。但是，她的气肯定也波及到了丈夫，虽然好言安慰了她，估计心里也很郁闷吧。

是的，生气这种情绪很容易波及他人。因为生气不像空虚、失落、心累这些情绪，这些情绪可以藏在自己心里，只要自己不刻意表现出来，别人很可能感受不到，即便感受到了，也不会有生气这么大的杀伤力。

只有生气这种情绪，它需要一个发泄对象，所以，他人就会被你的情绪波及到，心情也会变得不舒服。即便你没有发泄出来，一个人生闷气，身边的人也会看到你的脸色不对，他人的心情也会极度不爽。

所以说生气是一种伤人又伤己的情绪。特别是生病的时候，身体已经不舒服了，心情再不舒服，更不利于身体的康复。身体不赶快好起来，身心都会更痛苦。所以，这是一个恶性循环。

那么，赶快让自己从这种恶性循环里出来吧。

1.好好睡一觉

生病的时候，除了吃药，最好的缓解病痛的方法就是好好睡一觉，睡觉可以让身体得到彻底的休息，让自己暂时忘记病痛，也可以让自己暂时不生气。所以，这个时候什么都不要想，尤其是不要想那些令你不快的人和事，好好睡上一觉，一觉醒来，不但病痛会减轻一些，身体会舒服很多，心情也会好很多，气恐怕也生不起来了。

2.让病赶快好起来

当然，如果想让心情彻底地好起来，不生气，那还得让病彻底好，让身体彻底康复，恢复你平时神清气爽的状态。那就好好地吃药、打针，按医生的嘱托去做。不要生病了还闹情绪，不好好治疗，那只会让身体更不适，情绪更不好，更容易生气，自己的身心都会更不舒服。

生气有时候源于身体的不舒服，身体不舒服了，心情也会不舒服。所以，当我们有时看到身边的人莫名其妙对自己发脾气时，不要动怒，不要和他们生气，因为他们也可能是无心的。他们冲你发脾气，心里可能也不舒服，这个时候，给他们多一些包容和忍让，是平息他们怒火的最好的办法。

同时我们也要注意，自己生病的时候，不要胡乱向他人发脾气，因为他人是无辜的，不能无缘无故承受我们的坏情绪。双方都能替他人考虑，这气就不容易生起来。

像有一件事堵在心头

为什么我们会生气，是因为心里有气，心里有一股气，不发出来就堵在心头，不舒服。气如果长期郁结在心中，会严重影响身心健康，所以，心里有气就要发泄出来。

但是，心里为什么有气呢？气来自哪里？虽然有时候我们觉得身边的人会莫名其妙地生气，但是这一定是有原因的，人不会无缘无故地生气。

那么，我们一定会有这样的体会，当心里有事儿的时候，有一件令自己感到特别不舒服的事情时，就特别想生气，特别容易生气。

例如被老板骂了一顿，和爱人吵了一架，出门被别人狠狠撞了一下，这都让自己心里很气，于是，就忍不住想发脾气。但是这些事情不是什么过不去的大事儿，因为这些小事儿生的气很快就会过去。

但有时候，会有一些事不那么容易过去，会在较长时间得不到解决，也可能解决了但想起来就觉得心里堵得慌，想起来就生气。

赵峰歪在沙发里，眼睛盯着电视，一只手拿着遥控器，不停地换着频道，一只手拿着一根烟，吞云吐雾着。

这时，爸爸走了过来，对他说："别吞云吐雾了，弄得屋里乌烟瘴气的，掐掉！把遥控器给我！"

"爸，我抽根烟也不让我抽，看个电视也不让我看，你想让我怎么着啊？"赵峰嗓门有点大。

"臭小子，我不让你抽烟是为你好，不让你看电视是因为你换来换去根本没好好看。"爸爸一副好脾气的样子。

"谁说我没好好看，我这不是在选节目吗？平常都是你们控制遥控器，今天就不许我看一回了？"赵峰气哄哄地说。

"嘿，你这小子，今天说话怎么这么冲？没有不让你看，只是你心思明显没在电视上。"

"在没在我今天都要看电视，你平时看着电视不是还打瞌睡吗？我也没说让你把电视关了啊。你怎么老干涉我的事儿啊？"赵峰气得又点起了一根烟。

"你怎么还抽，把烟灭了！"爸爸生气了。

"不灭！"赵峰又猛抽了一口。

"你这小子，是不是想找打啊。"爸爸抬起手。

"打吧，我现在就是欠打。"赵峰说着更生气了，把遥控器扔在桌子上，进了自己的房间。

回到自己房间的赵峰，躺在床上有点懊悔，他不是非要和爸爸顶嘴，他只是心里堵得慌，好想发火，偏偏爸爸找他的茬儿。唉，这两天总是想发火，谁靠近他他就想朝谁发火，因为他心里堵得慌啊。女朋友说想和他分手，他没同意，女朋友说彼此冷静冷静，好好考虑一下。他冷静不了，他不敢想象，如果真的分手了他会怎么样。这几天他度日如年，心里难受得要命，很想发泄，很想买醉，很想发火。

赵峰生气，是因为心里难受，心里有事儿，心里憋得慌，所以才容易生气。这是我们都曾有过的心理，当心中有难以解决的问题时，会觉得心里特别不舒服，好像心中有口闷气，不发泄出来就不行，这时就很容易生气。

有一件事堵在心头的感觉，就如一根刺扎在喉咙一样，不吐不快。可是因为种种原因，这件事又无法向他人诉说，所以，心中觉得特别压抑，这个时候，如果谁挑战我们的心情，谁就会很容易成为我们的出气筒。

谁都不愿意生气，一个有基本修养的人不会无缘无故地把气撒到别人身上，除非他实在忍不住。所以，我们总是会对最亲近的人发脾气，因为我们知道他们会包容我们、忍让我们。他们虽然觉得我们莫名其妙，但最终还是会承受我们的脾气。

但是，这样莫名其妙地发脾气，不仅让身边的人很郁闷，也会让自己很懊悔，因为别人没错，却要无缘无故承受自己的坏脾气，自己有什么资格朝别人发脾气呢。说不定对方不忍让我们，和我们大吵大闹起来，那你心里的郁闷又会增加几分，比之前更生气。

所以，莫名其妙地发脾气不是正确的宣泄心中不快的方法，应该有其他更好的渠道。

1.尝试去解决事情

生气源于心中那件令自己堵心的事情，那么治标还需治本，只有把心事解决了，才能不再生气。老板炒了你鱿鱼，那么你赶快重新找份工作去；女朋友想和你分手，那么赶快和她沟通，弄清楚原因，并尽量去挽回。如果挽回不了，那么尝试投入另一份感情。只有把这些令你头疼的事情解决了，让你的心情舒服了，你才会不再有想生气的冲动。

2.转移注意力

有时候不是你想解决事情，事情就能马上得到解决的，解决事情需要时间，而且你也不知道最终能不能得到解决，在这个过程中，事情悬而未决，你心里依然会堵得慌，所以这种不舒服的情绪还会持续，还会很容易因此生气。

那么这时候呢，你就只能转移注意力，让自己不再去想这件事情，不管是投入工作还是忙于玩乐，只要能让你暂时忘记心里的这件烦心事，都可以尝试，这样才能让你不再莫名其妙地生气。

3.发完脾气后，记得安抚自己和他人的心情

但是，在事情没有得到解决和注意力没被转移的时候，你的脾气已经发了，你已经生过气了，这个时候该怎么办？那么记得安抚一下自己和他人的心情吧。

记得对他人说一声："对不起，我心情不太好，不该冲你发火。"你不能因为自己生气而让别人也无缘无故地生气。如果你不道歉，对方也会如鲠在喉，说不定他又会冲别人生气，因为情绪是会传染的。

也要安慰一下自己："气已经撒过了，就别再继续生气了，不能老让别人承受你的坏脾气啊，要尽量让自己开心起来。"

在负面情绪来临的时候，要学会用更温和、更和谐、更健康的渠道来发泄，不能莫名其妙地逮谁就是谁，即便他人是你的朋友和亲人，也没有理由成为这个倒霉鬼和你坏情绪的垃圾桶。

我是故意生气的

我们知道小孩子比较容易生气,他们不高兴的时候,就会用大吵大闹、大声哭泣、扔东西来表达他们的不满。当大人看到孩子有这些举动时,都会温柔地问他们:"怎么了,宝贝儿?怎么生气了?你想要什么?告诉妈妈。"

渐渐地,孩子发现,只要他们有这些生气的行为,大人都会温和地安抚他们,并满足他们的需要,他们就有了一种被重视、被呵护的感觉。这种感觉真好!于是从此以后,当他们希望得到大人的重视或有某种需求时,他们就会用故意生气来达到自己的目的。

这是小孩子的伎俩。小孩子长大以后依然会用这种伎俩,所以,大人也会用故意生气的方式来达到自己的某种目的。

所以,当你看到身边的人突然生气了,会觉得莫名其妙:谁也没有惹他,也没有什么事儿值得他生气,他这是怎么了?你心里很纳闷。其实,你是不明白——他是故意要生气的。

他为什么要故意生气呢?很可能是这些原因:他觉得你最近忽视他了,他用这种方式来引起你的注意,通过生气来告诉你:"我被你忽视了,你不知道吗?"也可能是有心事,想得到你的安慰,通过生气告诉你:"快来看看我吧,我心里好难过啊。"更有可能是有某种需求,故意生气让你去关心他,然后趁机提出自己的要求。因为他在生气,你满足他要求的可能性会比平时大。

因此,这些人的生气是假生气,生气只是他们达到某种目的的一种手段。说起来,这种做法有点小孩子气,其实,这符合人的心理,每个大人心里都住着一个小孩子,他们都喜欢偶尔玩玩这样的游戏。

王雷下班回到家,一进门就叫道:"老婆,我回来了。"

谁知,没人搭腔。王雷觉得奇怪,平时只要一进家门,老婆就会大呼小叫地跑过来,抱着他撒娇,今天怎么这么安静啊?王雷看了看客厅里,没人;厨房里,也没人;洗手间里,还是没人。他来到卧室里,看到老婆正躺在床上,脸上没有任何表情。

他走过去抱住老婆:"老婆,怎么了,怎么不做饭啊?"

老婆一下子挣脱他的拥抱:"别碰我!"

"哟,这是怎么了,这是谁惹我的老婆生气了。"

"谁惹谁知道!"老婆把脸扭到了一边。

"那一定不是我。"王雷迅速地回忆了一下,最近好像没有什么事儿惹老婆生气。

"不是你?哼!"老婆哼了一声,不说话了。

王雷有些不悦了:"你有什么话就说,别莫名其妙地生气。"

"我莫名其妙?你自己想想,你有多久没陪我逛街了,有多久没陪我看电影了,有多久没陪我过过周末了?"老婆的话里充满了委屈。

"哦,"王雷这才恍然大悟,"原来,你是怪我忽略你了,没好好陪你啊。唉,你也知道我这段工作好忙,忙过这段我一定好好陪你,你要什么我都买给你。"

"真的?"老婆立刻转怒为喜,"你说话算数?"

"当然算数!"

"那我今天看中了一条项链,你先给我买了。"

"项链?多少钱?"

"两千。"

"嗯……行,等会儿我把钱给你,你明天去买。"

"老公,你真好!"老婆兴奋地抱住他,在他脸上狠狠亲了一口。

有时候就是这样,我们苦思冥想也猜不出对方生气的原因,还以为是自己做错什么了,其实自己并没有做错什么事情,对方只是借生气来让我们更加地重视他,爱他。这种生气表面上是在生气,其实是在撒娇。既然是撒娇,多半更容易发生在女人身上,确实如此,女人特别擅长用这种假生气的方式来得到男人的重视和呵护。

可以说,女人假生气的这种方法在很多时候屡试不爽,但是,并不是次次都有效。如果用在一个情商不高或极没耐心的人身上,他们要不根本就猜不出你的意图,要不就会很不耐烦地说:"有什么事儿快说,我没空猜测你的心情。"碰到这两种人,你就没辙了。

或者这种伎俩你使了很多次,别人都厌烦了:"别又整这招,没用了,有什么事儿就直接说,我没心情次次哄你。成天动不动就用生气来要挟我,太幼稚了吧。"现在,他摸透了你的脾气,你总是莫名其妙地生气让他觉你很无聊,不再愿意配合你这种方式了。这个时候,你可能就要真生气了。

那么,我们怎样才能让故意生气的这种方式成为自己和他人情感的调剂品,而不破坏自己和他人之间的感情呢?

1.故意生气，因人而异

首先，故意生气要因人而异，这招不是对谁都管用的。对自己亲近的人、疼爱自己的人并有一副好脾气、愿意迁就自己的人，当然可以偶尔故意生气一下来逗逗他，让他重视自己，更加在乎自己，或者满足自己的要求。

但对那些没什么耐性，脾气也很急躁的人，或者根本就不在乎你的人，你这招根本没用，只会让你搬了石头砸自己的脚，越来越气。

2.故意生气，适可而止

凡事适可而止，故意生气当然也是这样。本来就是假生气，玩伎俩，如果你次次都用这招，只会让对方觉得你太幼稚了，老是玩这样的游戏，有意思吗？有什么问题就直接沟通，干吗非要用这种方式来试探别人、考验别人。因此，故意生气，适可而止，老是这样，对方可能也会生气，那样就得不偿失了。

莫名其妙地生气，也会莫名其妙地不生气了，人的情绪就是这么怪，这正说明了情绪的复杂性，不是用一两句话就能说清楚的。想要弄清楚他人为什么生气了，需要我们付出耐心和细心去体会。

生气源于人的性格

　　一般情况下，我们都可以理解和包容他人的生气，因为我们知道他心里有气，不舒服，需要发泄出来。但是有时候，我们却无法理解某个人的生气，别人根本不会生气的事，他却生气；根本不值得生气的事，他却生气；好好说着话、聊着天，他突然生气。他特别容易生气，让我们觉得莫名其妙："你为什么生气呢？这事儿值得生气吗？"

　　确实有这么一部分人，特别容易生气，他们生气的频率要比别人高得多。经常和这样的人待在一起，我们会觉得特别烦恼，因为我们随便说的一句话或做的一件小事，都能惹他生气；有时也会觉得特别恐惧，因为他生起气来特别恐怖，吼叫、摔门、摔东西，犹如台风来了一样。

　　这个时候，会让我们手足无措，怎么办？该如何和这样的人相处？

　　当然，这个容易生气的人也可能是自己，所以，我们也会问自己："怎么办？如何才能让自己不再那么容易生气？"

　　首先我们应该弄清楚，这类人这么容易生气的原因，其实是源于性格。暴躁性格的人和爱使小性子的人都比较容易生气，只不过他们生气的表现形式不太一样。前者如张飞，脾气暴躁，动不动就朝身边的人发脾气，摔东西、打人是经常的事。后者如林黛玉，经常跟贾宝玉生气，动不动就不理贾宝玉了，把自己关在房间里抹眼泪，一个人生闷气。

这两种人都容易生气，只不过前者的气是不发泄出来不罢休，后者的气是要慢慢生，所谓怄气。

碰见这两种人我们都有点没辙，怎么办？他们自己可能也不想生气，但一个人的性格很难改变。

吕强和老婆正在吃饭，他对老婆说："唉，吃饭别出声音，女人要斯文点，发出声音多不文明。"

老婆一听不干了，放下了碗筷："我什么时候出声音了，我自己怎么没听见呢？我长这么大都没人说我吃饭出声音，怎么就你听见我出声音了呢？"

吕强没吭声，他知道老婆爱耍小性子，这么说她她肯定不高兴，说不定又要生气。果然，老婆离开了饭桌，跑去看电视了，剩下吕林一个人在吃饭。

吕强看着饭桌上的菜，知道如果老婆不吃，这菜就要剩下好多了，于是他叫道："快来把饭吃完，别生气了。"

"你不是说我吃饭出声音吗？免得污染你耳朵，不吃了。"老婆气呼呼地说。

吕强也有点生气，这句话至于让她生这么大气吗？他不再吭声了，默默把饭吃完，开始收拾碗筷，因为心里也有点不舒服，他把碗筷弄得噼里啪啦响。

客厅里传来老婆的声音："你那么大声音干吗？对我不满意就说，不用用这种方式。"

"我用什么方式了？"吕强抬高了声音，把碗筷扔在桌上。

"有本事你把碗摔了呀。"老婆一点都不示弱。

"你……"吕强气得说不出话来,"懒得理你。"说完,他打开家门,走了出去,"啪"的一声关门声,大得震耳欲聋,把客厅里他的老婆吓了一大跳。

看故事里的这两个人都特别容易生气,很小的一件事却引发了两个人的战争。吕强的脾气比较暴躁,他发脾气的方式是比较剧烈的。而他的老婆则比较爱生小气,喜欢用一句句带刺的语言来发泄心中的不满。

这刚好是生气的两种类型,一种是爱生小气,不会因生气发太大的火,但可能会生好长时间气,用不吃饭、不说话、不理人来表现他的生气,时间长了,气会愈积愈多,影响人的身心健康,最终会导致人更大的愤怒。

另一种则是用突然的剧烈的爆发来表现他的愤怒,你让他压抑是不太可能的,他必须马上用剧烈的行为来表现他的生气,怒吼、摔东西甚至是打人,不马上发泄出来他心里的怒火他就过不去。这种人的脾气通常比较暴躁,他们的怒气会上升得非常快,这种愤怒多被称作"爆发式的愤怒"。

这两种生气的方式都会让人觉得可怕、不知所措,让身边的人不知道该如何去安抚他们的情绪,碰见同样爱生气的人,就很容易产生摩擦甚至战争。

那么,对这些容易生气的人,我们应该怎么做,才能不让他们的怒火殃及我们的心情呢?而他们自己又该如何调适自己的心情呢?

1.用适度的发脾气来表达自己的不满

一个人如果心里有气,让他硬憋着不发出来也是不可能的。绝对的不发脾气既不利于身心健康,也不利于问题的解决。当你心里有气时,可以适度地发脾气,宣泄心里的不满,并通过生气告诉他人你的想法。生气或吵架也是一种交流,并不是一点益处都没有。但要注意生气的方式和度,不能过激,令他人无法接受,那么什么问题都解决不了,只会令双方更生气。

2.学习用较为婉转的方式来发脾气

对于那些爱生气的人来说，让他们马上变得不爱生气是不可能的，因为人的性格很难改变，但一个人应该懂得修炼自己的性格，收敛自己性格中不好的一面，把缺点降到最低。

所以，你可以发脾气，但是要尝试用较为婉转的方式发脾气。生气的时候，不是通过破口大骂、动手就打的形式，也不要通过无休止的冷战、闹别扭、怄气都方法，而是通过开玩笑、比喻、置换等较为轻松的方式去释放。这样的方式既不伤别人，也不伤自己，而怒火却可以在不知不觉中消失。

3.要学会预防他人发脾气

如果我们身边有爱发脾气的人，如果我们不想被他的坏脾气给伤害，我们就要学会预防。首先不要激怒他，不惹他生气，不给他发脾气的机会。其次，当看到他发脾气的时候，要训练自己冷静，不和他对着干。例如故事中的吕强，老婆生气了，他也生气，结果变成了两个人都生气。

所以，对方发脾气的时候，要不就让彼此都冷静一下，要不就用较为温和的方式去安抚对方心中的怒火，尽快让对方消气，心情变得好起来。

碰到了爱生气的人，我们也会变得很无奈，也会经常觉得莫名其妙，那么，我们就要弄清楚对方爱生气的原因，如果是因为他的性格，那么就尝试去理解他，包容他，如果你做不到理解和包容，那么就只有远离他，免得自己受到伤害。

如果自己是一个爱生气的人，那么就尝试有限度地发脾气，用较为婉转的方式发脾气，这样既可以让别人理解，又不会对他人造成大的伤害，这，才是生气的最高境界。

第七章

为什么有时候会莫名其妙地心累

身体的累睡一觉就好，心里的累可怎么办才好？这是很多现代人的心声。"心累"，现代人常有的情绪。心里有一个目标，长期达不到，累；日日夜夜想成功而不得，累；无论我怎么努力，我的生活质量永远赶不上别人，累；感情的事，想来想去没有答案，累；什么事都想达到完美，累；这所有的事情，都叠加在心头，太累了。你要天天为这么多事感到累的话，人就累死了。其实，累就是因为你要得太多，想得太多。想不累，唯有学会放弃，放弃一些你本不该追求或苦苦追求而不得的东西。

漫漫长路何处才是尽头

人生有两大不幸，一是自己的欲望已经达到，二是自己的欲望总达到不了。欲望达到以后会有一种失落感，而欲望总达到不了，会有什么感觉呢？心累！

是的，心累。我们有理想、有目标，愿意努力，勇于付出，而且一直在努力，一直在坚持，没有放弃，但是，努力了很久，坚持了很久，还是看不到我们期望中的结果，这时，你能不累吗？如果一件事情，永远处于未完成状态；如果一个目标，永远处于追求的阶段，你能不累吗？

累，确实感觉到心累。就像一场旅行，一直到不了我们想要去的地方，你还有心思再欣赏沿途的风景吗？就像一条船，在海面上经过无数次风吹浪打，几欲搁浅或者翻船，仍然无法靠岸，你还愿意驾驶这条船继续前行吗？

虽然我们说做一件事情不要过于重视结果，要专注过程，但是这只是一种技巧，一种更好的经营过程，一种更顺利得到结果的技巧，其目的还是为了有一个好的结果。如果我们专注了过程、很好地经营了过程并坚持了很久这个过程，仍然没有看到想要的结果，我们还愿意坚持吗？我们能不感觉到累吗？

我们不是铁人，我们也并不愚蠢，我们之所以长久地坚持，是因为前方有希望，有我们勾勒的蓝图，但是，如果长时间看不到希望，蓝图在我们心中就会渐渐模糊，这个时候你就会觉得坚持不再有意义，就会觉得这个坚持好累啊。

　　杨明喜欢唱歌，喜欢音乐，从少年时代起，他就做起了歌手梦。虽然父母并不支持他的梦想，但杨明没有放弃，不管是在什么情况下，他都没有中断练歌、练琴。

　　高中毕业后，他上了一所普通的大学，学的并不是音乐，但他把所有的业余时间都用在了学音乐上，那么痴迷，那么用功，他的梦想从来就没有丝毫动摇过。

　　大学毕业后，他没有像同学那样去找专业对口的工作，而是想到某一个公司去做一名职业歌手。但是，想做歌手的人太多了，人才济济，他一直找不到这样的机会。但是，他要生存啊，没办法，他开始到酒吧、餐厅唱歌。刚开始，没有什么人请他唱歌，他的收入非常不稳定，维持起码的生存都很难，无奈，他就到街上去卖唱，做了一名流浪歌手。

　　就这样，一晃几年过去了，杨明不仅没有走上职业歌手的道路，而且连份正经的职业都没有，更是没有一点积蓄。父母开始劝他："放弃你的歌手梦吧，好好找一份工作，过一个普通人能过的日子。"

　　杨明听了父母的话，心中也觉得疲惫："是啊，我已经坚持太久了，什么时候才能等到机会呢？感觉真累啊。"

　　但是他仍然不想放弃，虽然累，但他还是想再坚持几年。这几年，选秀节目大热，于是，他开始参加选秀节目，大大小小的选秀节目他参加了好几个，但是都是在关键的时候被刷了下来。这让杨明备受打击，"难道，我真的不是当歌手的料吗？"

这时的杨明已经年近三十，回想这些年的坚持，他不禁在心里发出了重重的叹息："漫漫长路何时才能到头，我还要坚持吗？我感觉好累啊。"

杨明为什么觉得这么累？就是因为坚持太久了，而希望却依然渺茫，他的梦想之船已经航行太久了，却仍然靠不了岸，任凭谁都会觉得累。

为什么我们有时会觉得莫名其妙的心累？就在于我们心里经常会这样问自己："我已经坚持太久了，这件事什么时候才能有个结果？"或者"我什么时候才能实现自己的目标呢？"

是啊，我们都有梦想，都有理想，都有自己想要坚持的事情，也许是事业，你已经为此奋斗了很多年，但仍然没有什么收获；也许是感情，你已经为它努力了很多年，等待了很多年，但依然没有结果；也许是生活中别的愿望，你期盼了很多年，但仍然不能如你所愿。累啊，你觉得："我这样坚持有意义吗？我为什么不能像别人那样轻松地生活呢？"

既然你有了这样的疑问，表明你已经在寻找不让自己心累的办法了。

1.错误的坚持该放弃了

坚持是一种可贵的品质，但那些无谓的甚至是错误的坚持却是愚蠢的，除了让你感觉到心累之外，没有任何用处。例如你爱上了一个人，可是明知没有结果，你还需要继续爱下去吗？坚持爱下去除了让你感觉到心累外，还能得到什么呢？或者你坚持等待一个理想中的完美爱人，可是这样的爱人有可能根本就不存在，也很有可能你一生都等不到，这样的坚持只会让你心力交瘁，除了累还是累。

所以，对这些明显的错误的坚持，必须放弃，也许刚开始你不认为是错的，但是现在你已经看到了，就不能继续在这件事上浪费心力，放弃这些错误的坚持，才能把你从心累的状态中拯救出来。

2.放弃那些永远不可企及的目标

做人做事当然应该有目标，但有的目标我们伸伸手就够着了，有的目标我们跳一跳还是够不着，再继续拼命地跳仍然够不着，这样的目标你说我们还有必要去实现吗？我们能够实现吗？如果你执意要去实现，你不累谁累呢？

例如你想成为一个职场精英，但你充其量只能是一个最最普通的打工者；你想成为一个作家，但你充其量只能是一个文学爱好者，如果你非要去实现你的目标，那么心累将永远伴随你。

所以，放弃那些永远不可企及的目标，放弃那些费了九牛二虎之力还做不到的事情。我们应该为目标付出努力，但有些目标明明高于我们的能力，所以，我们必须放弃，唯有放弃，才能不再心累。

人活着都会累，绝对不累的人这世上根本就没有。俗话说"自在不成人，成人不自在"，想干成点事儿人都会累，但是有些累是值得的，是能换得一个好结果的，那就累一点，无所谓。但是有些累，累了也是白累，除了让你身心疲惫之外，一点价值都没有，那么这样的累，赶快想办法终结吧。

总是想着如何才能成功

　　现代人活得累，这毋庸置疑。为什么？因为人人都想成功。成名成家、名利双收、行业精英、职场达人……人人都想成为这其中的一份子，来满足自己的成就感也好，价值感也好，虚荣心也好，或是欲望也好，总之，能成为"人上人"，会让自己觉得特别满足、特别骄傲。

　　想成功，这本没错。成功是人的正常追求，它是一种健康的、积极向上的心理需求，如果人不追求成功，个人就无法提高自己，这个社会也无法进步。但是，凡事应该有度，时时刻刻想着如何成功，想尽一切办法要成功，削尖脑袋不惜碰得头破血流就是要成功，甚至机关算尽、踩着别人肩膀非要成功，这样追求成功就太过分了！

　　这样追求成功岂不是一件很累的事？

　　现代人的悲哀不是不成功，而是总是想着如何才能成功。无论何时何地，无论男女老少，都想成功。

　　小孩子从小就不能输在起跑线上，为的是有一天能成功，于是，孩子累；父母们要想尽办法成功，除了满足自己的成功欲望之外，也为了给孩子铺一条成功的路，让他们有一天能出国留学、开公司创业、能比自己更成功，因此，父母更累。

男人想成功，成功了有面子啊，成功了才能取到好老婆啊，才能向他人炫耀自己的成功啊，所以，男人们不管自己是牛还是马，拼命奔走在追求成功的路上，这一路很累很辛苦；女人呢，也累。虽然说干得好不如嫁得好，但现在男人不是时时刻刻都靠得住啊，新婚姻法公布后，男人的很多东西将不再属于自己，自己不奋斗不行啊，不累不行啊。

所以，大家都累，全社会累，身体累，心更累，所有的人都在使劲，心里的潜台词是："我要成功，我一定要成功！"

而社会的大环境又是这样的：竞争激烈，生存空间狭窄，人人都想成功不太可能，也不现实。大部分的人努力了很久，挣扎了很久，却从渴望成功的队伍中败下阵来，无法成功的他们心里更累："想成功怎么这么难啊。"

严威年近而立，是一个公司的部门主管，不过，他对自己的现状并不满意，他从小就要强，上学时学习成绩就好，走向社会后他依然想成为佼佼者，可是社会竞争远远要比他想象的复杂，至今他也没能混到他想要的高度。

朋友们说他有理想，也有人说他有野心，怎么说他都无所谓，他只是想成功，他觉得这没有错啊，反倒看看身边那些人，一个个得过且过，特别容易满足，他觉得他们在浪费生命。

所以别人要他去玩的时候，他说他还要学习充电；别人轻轻松松交朋友的时候，他却在想这个朋友能不能助他的事业一臂之力；当别人走进婚姻的时候，他却说男人没有一份属于自己的事业，好意思结婚吗？当周围的朋友都过着平凡的日子享受生活的时候，他却无法心安理得地像他们那样，因为他觉得他还没有成功。

朋友说，你总是想着成功，从毕业到现在，你无时无刻不在想着成功，你累不累啊？真要成功了，累点也值得啊，可是你也没成功啊，就不要老做这个梦了。

严威也觉得累，为了工作，为了升职，为了成功，他牺牲掉了很多享受生活的时间，他甚至刻意拒绝一些享受，怕它们削弱了自己的斗志。但是，奋斗了这么多年，他也和周围的人差不多，离成功还很远很远，想起这些，他真的感觉很累。

看看严威的经历，我们就知道，成功不易，总是想着如何才能成功，会让人觉得很累。

如今这个社会，人人活得都不轻松，不管你是主动地选择，还是随社会的主流被动地跟随，绝大部分的人都会做成功的梦。

或许是应时代的需求，也或许是想引导时代的潮流，一大堆的成功学、励志学书籍在教导人如何成功，各种视频、讲座都在讲成功，好多并不具备成功因素的人被这样的成功学推上了追求成功的道路上，艰辛地往前爬行，能不累吗？

可以做成功的梦，但应该看清楚事实：这个社会上的大部分人都是平庸者、普通人，只有极少一部分人才能成功，如果个个都想成功，一门心思非要成功，成天活在要成功的欲望里面，那大部分的人注定会过得很累。

可以做成功的梦，但这个梦不是我们人生唯一的梦，也不能永远待在这个梦里面。除了成功，你还应该追求生活中更多的内容，享受生活的点点滴滴，接受生活的平淡。也应该看清楚，自己究竟能不能成功，如果不能，要及早从这个梦里走出来，否则，你这个梦将永远无法实现，那么这个过程除了累，不会带给你什么。

其实，要想摆脱过于强烈的成功欲望带给你的莫名其妙的心累感，你只需尝试做到以下两点：

1.可以追求成功，但不强求一定成功

想成功没有错，在追求成功的人里面，除了那些过于追求名利、权势、金钱的人之外，大部分的人是有理想之人，因此，他们的想法和行为应该值得肯定。但是，不能把成功当作人生的唯一追求目标和全部内容，好像此生不成功活着就没意思，这样只会让你觉得活着是一个很累的过程。

对待梦想我们应该有这样的理念：心怀梦想，脚踏实地，顺其自然，随遇而安并接受现实。尽自己所能去实现梦想，追求成功，但不能强求一定成功，因为不是所有人的梦想都一定能实现的。如果无法成功，要有坦然接受现实的心态，要能够愉快地过不成功的日子，唯有这样，才能不心累。

2.成功应该有更宽泛的定义

我们总是把成功定义为名利、金钱、权势，高人一等的生活等等，实际上这样定义成功是狭隘的、肤浅的，成功应该有更宽泛的定义和更深刻的内涵，例如美满的婚姻、和睦的家庭、平静的生活、知心的朋友、生活中平淡的细小的幸福，这些都应该是成功的内涵，我们为何不把目光转移到这些内容呢？拥有这些，你就很成功，因为快乐、幸福是一种更难得的成功。拥有了这些成功，你将再也不会感到心累。

人的生命应该有丰富的内涵，唯有如此生命才精彩，才会让你觉得生活轻松而更有意义。不必把目光紧盯着一个目标，那会让你始终处在一个紧张的状态中，只会心累。唯有淡然的心态和适可而止的欲望，才能更觉生活的美好！

物质的追求永无止境

有人这么说现代人的成功:"什么叫成功,不就是挣点钱,让其他人知道吗?"如此理解成功观念实在是太狭隘、太单一、太肤浅、太庸俗了,难道成功就是赚取到更多的金钱,拥有更多的物质吗?

的确,追求物质确实是很多人的人生目标,这本没有错,谁活着不需要物质呢?吃喝拉撒、衣食住行哪一样不需要物质的支撑、金钱的保证?

饮食男女、凡夫俗子,追求房车、想吃得好一点、穿得好一点这都没有错,毕竟这都是生活的基本所需。但是,活得太物质会怎样呢?房要豪房,车要名车,吃饭要豪华饭店,穿戴要件件名牌……反正各方面不能比别人差。

这种过于追求物质的风气,在社会的各个阶层都有:部分明星唯恐自己的名气没有别人大、片酬没有别人高;部分老板唯恐自己的行头没别人贵、风头没别人足;部分高级白领、金领呢,永远不满足自己的职位和薪水;而还有一些普通老百姓呢,一边艳羡着、咒骂着这些人的生活,一边挖空心思努力钻营,希望能像他们一样过同样奢华的生活。

一味地追求物质生活,会造成什么样的结果?

江陵和妻子在一个二线城市生活，两个人都是公司的普通白领，收入不算高也不算低，有一套普通的两居室和一辆很普通的车，小康的家庭生活过得也挺不错。

但江陵并不满足，他总是对妻子说："这怎么行呢？我的同学们都住复式了，最差也有个一百多平的三室，就我们还住着破旧的两室，不行，无论如何我要想办法多挣钱，要换个大房子，换部好车。"

妻子却说："房子再大，你也只睡一张床；车再好，也只是代步工具。何苦要和别人攀比呢，弄得自己那么累。我觉得咱们这样挺好！"

"不行，就算累我也要这样做，现在不都这样吗？谁不在发狠挣钱，我可不能落后了。"

为了不落后，江陵开始拼命挣钱。除了比以前更加努力工作外，他还经常加班，为了挣更多的加班费，下了班之后，他又忙兼职。有空的时候，他还炒炒股票，买买基金。抽空呢，他还要和上司、同事吃饭喝酒，为了搞好关系，方便在升职加薪的时候，他们能第一个想到自己。

他每天忙得团团赚，只要是能赚钱的路子他统统尝试。可是，过于忙碌的工作和生活首先让他的身体有些无法承受，睡眠不足，应酬过多，每天感到非常疲惫。身体的疲惫还好说，心也觉得很累，因为他发现，永远有人比他能干，永远有人比他挣钱多，比他拥有的物质多，这样无止境追求物质与和别人攀比没个头，只是让自己越来越累。

过度的追求物质会让自己越来越累，江陵已经感受到了，只是更多的人还没有意识到，他们还不明白为什么自己总是莫名其妙地心累，他们觉得自己每天都在努力奋斗，每天都在想着要比昨天赚得更多，要比昨天更富有，比他人更富有，但为什么这样做却让自己更累呢？

他们不明白，追求的同时要放慢脚步，更要放低心底的欲望，因为物质的追求永无止境，除非你是世界首富，否则你永远有赶不上的人。不收敛内心的欲望，终将欲壑难平，越来越累。

人的本性是贪婪的，并有着一定的兽性，想占有更多的物质是人的本能，尤其是现在这个社会，占有更多的物质和金钱似乎更有安全感，也更有成就感，更能随心所欲地过自己想过的生活，甚至是掌控他人的生活。

因此，人人放开了本性去追逐，却忘了人不仅有兽性，更重要的是还有人性。当没有基本的物质条件的时候，人不会快乐，但当人无止境地追求物质的时候，也不会快乐。因为人还需要有精神，丰富的、有意义的精神生活才能让人真正地满足和轻松。

因此，那些过度追求物质的人会感到心累，因为他们忙于追求物质，却忽略了关照自己的内心，所以，内心提出抗议了，告诉他们："心里很累。"这个时候，我们该怎么办呢？

1.不管物质的多寡，你的目的是为了让心舒服

这世界上什么样的人是最幸福的，不是最没钱的，也不是最有钱的。没钱当然不幸福，连基本的生活条件都没有；但拥有了更多的钱，人也未必快乐。你要不停地为维持这些金钱的运转而奔波，你要担心可能会失去这些金钱，你会想要赚取更多的金钱，你的内心终日在和钱打交道，很少有时间停歇下来休息片刻，会渐渐感到很累，幸福感会日益减少。

所以，究竟应该追求多少物质，这要问问你的内心。如果你觉得拥有目前的物质生活已经很满足，很舒心了，那么就停下你追逐物质的脚步，好好享受生活。不管拥有多少物质，你的目的是为了内心的平和和快乐，不是为了和他人攀比，遵循这条原则，你才不会感到心累。

2.一边追求物质，一边关照内心

人既是物质意义上的人，也是精神意义上的人，如果你意识到这一点，就不会因为过度地追求物质而忽略了关照自己的内心。一个满脑子都是物欲而没有丰富的精神生活的人，很容易感到疲惫、心累。

所以，在追求物质的同时，别忘了灌溉自己干渴的内心，多和亲人相处，去度个假，看望一些老朋友，学会和自己的内心对话："你快乐吗？你想要什么样的生活？"时不时地松弛自己的内心，内心就会还给你轻松和平静。

在现在这个人人追求物质、视金钱为上帝的社会，很多人都会陷入物欲的泥淖中无法自拔，一边感叹着很累一边仍然停不下追逐的脚步，陷入了一个无法摆脱的怪圈。只有从内心真正明白，物质的极大丰富并不能带来真正的幸福和快乐，同时丰富的还应该有我们的内心，才能从根本上脱离心累的魔咒。

想这么多，累不累啊

我们都有这样的体会，人越大活得越累，为学业累，为工作累，为感情累，为家人累，为孩子累，为朋友累，为整个生活累。为什么我们小的时候不累呢？很简单，小孩思想简单，不会考虑过多的事情，就算今天伤心难过烦恼了，明天就忘了。小孩的世界简单，心思也简单，不会想那么多，所以小孩不累。

而人渐渐长大后，生活中叠加的内容太多了，随着人知识、见识的增加，人的思想也变得复杂，所以，想的事情越来越多，无限延伸并事无巨细，人变得复杂而又沉重，所以感到越来越累。

徐欣正在和朋友聊天："唉，好累。"

"累？为什么累啊？成天坐办公室，又不干体力活，累什么累啊。"

"不是身体累，是心累啊。"

"心累？因为什么？说说看。"

"唉，一言两语也说不清楚，只觉得很多事想不清楚。"

"什么事儿想不清楚，看我能不能帮你出出主意。"

"过去，现在，以后，好多事儿总是在心里交织。"

"哦，你呀，你知道你最大的缺点是什么吗？就是想太多。"

"是啊，我是想太多，可是生活中有这么多事情我不得不想啊。老板现在不把重要的工作交给我了，不知道是不是不信任我了，我可一直是他最得力的干将啊。还有男朋友，他总是对我忽冷忽热，若即若离的，我真想和他分手，可又下不了决心。现在想来，还是以前的男朋友好，和他在一起感觉踏实。唉，不知道他现在在上海怎么样了，谈恋爱了没有，结婚了没有，过得怎么样了……"

"好了，好了，别再怀念他了，他要是真那么好，就不会撇下你去上海了。过去的事儿就别再想了，想来想去只会让你自己累。每一个男人谈恋爱的方式不一样，你就是心思太细腻、敏感，太在乎细节，又喜欢联想，想来想去把自己想到死胡同里去了。不管是男朋友还是老板，想不明白的事情就不想，交给时间，所有的事情都会让你看明白。把复杂的事情简单化，用减法去生活，你就不会那么累了。"

"好吧，我试试吧。我也不想过于复杂，我也想简单生活，可能简单才能不那么累。"

黄磊有一首歌是这样唱的："我的心像软的沙滩，留着步履凌乱，过往有些悲欢，总是去而复返。人越成长，彼此想了解似乎越难，人太敏感，活得虽丰富却烦乱。"这段歌词正应对了徐欣的心情：忘不了过去，丰富细腻而敏感，所以活得烦乱，也就是累。

人是应该有丰富的内心世界，这样才活得充实，但丰富的内心世界和过于敏感细腻是两回事，和想得太多、心思复杂更是风马牛不相及。凡事过犹不及，丰富的内心世界是由正确的人生观、价值观、爱情观和理智的头脑以及阳光的心态支撑的，而不是想得过多、过细、过于复杂，那只会显得你幼稚，而非成熟。

人究竟为什么会想这么多呢？

1.心思细腻敏感，过于关注细节、品味细节、放大细节

诚然，人是活在细节里，没有细节不成生活。上司的一句鼓励、恋人的一个微笑、朋友的一个小小的关心都会让你感到快乐。但是他人不可能永远把细节做得这么好，偶有疏漏，你是否就认为他人不信任你、不爱你、不关心你了呢？

就像林黛玉，心思敏感的代表人物，她总是把他人一句无心的话反复地想来想去，把贾宝玉对她的每个细节反复品味，甚至误解了贾宝玉的一些言行，因而弄得自己思前想后，疲惫不堪。

所以，关注大事，不要过于在乎细节，这是让自己不累的方法之一。

2.喜欢联想，回忆过去

由现在的某句话、某件事想到以前此人说过的一些话、一些事，并把它们放在一起，反复分析研究对比，希望从中找到一些利于自己或不利自己的端倪，以此作出一些判断。

这就是把简单的事情复杂化，其实，事情没有那么复杂，这句话、这件事只代表这句话、这件事，没有其他任何意义，是你把它想得复杂了，因而弄得自己这么累。

所以，别把自己变成一个侦探，生活不需要你去刺探和研究，只需要你好好享受。

3.过多地忧虑未来

未来就是未来，不是你想得过多就能想明白的，为没有发生的事情过多地担心，只会让自己很累。把未来交给未来，未来会给你答案，会告诉你事情的真相和结果，时间会让你理清楚究竟应该怎么做。

生活不是一道数学习题，不是你反复地思考和求证就能得到正确的答案。生活需要一天天过，你今天想不明白的事情也许明天答案就会自动浮出水面。所以，与其想得太多，不如暂时什么都不想，才能让你不累。

这世界上聪明的人都活得很累，懂得越多、想得越多的人越累，因为他们都容易复杂。谁不累？傻子疯子不累，天真幼稚单纯的人不累，因为这些人简单。我们虽然不可能把自己变成疯子傻子，也不可能每个人都能像小孩般天真和单纯，但是我们可以在拥有成人的成熟的同时，保留一份孩童般的天真和单纯，不过多地纠结，不过多地忧虑，不过多地胡思乱想，所谓"没心没肺，活得不累。"

所以，在自己觉得很累的时候，不妨问自己一句："想这么多，累不累啊？"不如没心没肺地活着吧，也许糊涂一点，简单一点，才会轻松一点。

原来，你是个完美主义者

　　想得过多会累，那么，要求得过多会不会累？当然会！这个要求包括要求自己、要求他人、被他人要求。如果这三种要求在自己身上发生得过多，都会非常累。

　　我们先说第一种，"要求自我"型。我们给自己定下了很高的标准，工作一定要又快又好，男朋友一定要又高又帅、温柔体贴，穿衣打扮一定要足够精致漂亮，生活一定要够品味等等，因为对自我要求过高过多，因此会觉得自己很累。

　　第二种，"要求他人"型。把对自我的要求转嫁到了别人身上，为别人设定一个高标准，要求别人一定要做到。不许别人犯错误，更不许别人有一点缺点或瑕疵，稍有不满意就对对方横加指责，横挑鼻子竖挑眼，弄得对方好累啊，而自己也觉得好累："为什么他总是不能让我满意呢？"

　　第三种，"被人要求"型。我们不仅要求自己、要求他人，同时我们也在被他人要求。为了满足他人对我们的期望，我们努力让自己变得更好。我们在潜意识里对自己说"我一定要做到那样，否则他就会失望"或者"我没有做到他说的那样，他一定很失望"。为了完成他人对我们的期待，我们会变得很累。

看来，要求过多势必会让自己心累。其实，"要求过多"有一个专业的术语，那就是——完美主义者。完美主义者为什么会让自己变得这么累？我们先来看看完美主义者的定义。

完美主义者是指不断追求最高要求，追求完美的性格或主义的人，往往容易自我否定。完美主义者有积极的一面，也有消极的一面。病态的完美主义会使人追求过高且无法实现的目标，并会在目标失败时感到极大的痛苦。

完美主义者的最大特点是追求完美，而这种欲望是建立在认为事事都不满意、不完美的基础之上的，因而他们就陷入了深深的矛盾与痛苦之中。看来，完美主义者是伴随着许多消极因素的，例如自我否定、失望、矛盾等情绪，因而完美主义者常常会觉得很累。

冯晓做事情非常细心，考虑问题周到，这让大家非常称赞。最近上司交给他一项工作，说非常重要，相信他一定能做好。有了领导的重托，冯晓比平时更加努力和认真。

为了把这件事情做好，他觉得首先应该把准备工作做好，需要几个人手、什么工具和材料，他都事先安排好。然后他把事情进展过程中每一个可能会遇到的问题和应对的对策一个个写下来，反复考虑和开会，研究如果出现这些问题应该怎么做。

他花了很多时间用在准备工作上，还没真正开始干，他就觉得有点累，同事们也累了，纷纷嚷着："赶快开始吧，时间已经过去三分之一了。"

听到同事们的催促，他也觉得事情进展得有些缓慢，于是赶快开始干。他把每一个问题都考虑到了，不允许有一点纰漏，每个细节都精益求精。

下属说："这些问题都不是最重要的，把重要的问题抓好就行，次要的问题只要没有做错就行，不必要求过高。"

冯晓一听就有点动怒了："这怎么行呢？细节决定成败，任何细节都不能忽视，这才有可能把这项工作高质量地完成。"

下属看他动怒了，只好摇了摇头，叹口气去做事了。

看到同事们叹气，冯晓也有点想叹气，因为他也觉得自己对工作要求过高，也感到有些累。可是想到领导的重托，他想："不能让领导失望，一定要做到最好！"

在他的严格要求下，工作终于完成了，冯晓怀着期待的心情等待着上司的肯定和夸奖，没想到上司却说："完成得确实不错，比我想象中要好，就是这个效率也太低了吧，什么时候把效率也提上来，才让我对你刮目相看。"

听到领导的话，冯晓的心情立刻低落下来："唉，我这样努力追求完美你还不满意，真累啊。"

追求完美让冯晓和冯晓的同事都觉得很累。完美主义者就是这样，总是自己对自己不满意，也怕他人对自己不满意，同时也经常对他人不满意，众多的不满意让他们始终处于一种疲惫的状态。

如果你身边有总是觉得自己心累的人，很有可能他是个完美主义者。

完美主义者究竟有着怎样的心理动因呢？一个人为什么要逼迫自己成为一个完美主义者呢？其实，完美主义者在内心深处非常恐惧一件事情，那就是缺憾，他们不能容忍缺憾、瑕疵，害怕令人失望，一旦遇到这些，他们就觉得自己受到了伤害，为了避免伤害，他们做什么事情都要求尽善尽美，这，就是完美主义者的心理动因。

所以，完美主义者在实现完美的整个过程中充满了担忧、恐惧、纠结等负面情绪，因此才会觉得那么累。

因而，我们要纠正这种消极的完美主义，拥有一个更健康的心理状态。

1.接受缺憾

完美主义者无法容忍缺憾，他们觉得缺憾代表失败，但生活中永远都有缺憾，人有缺憾，人做出来的事情当然也有缺憾，这个现实世界缺憾更多，所以，拒绝缺憾、要求绝对的完美是不可能的，只会让你感觉到累。

要想不累，唯有接受缺憾：事情尽力就好了，不要要求尽善尽美；丈夫能有七十分就好了，不要要求他一定满分。允许自己出错，接受他人犯错，让自己从完美主义的窠臼里跳出来，才能摆脱心累。

2.完美主义本身就是一种不完美

完美主义者事事追求完美，却没有意识到完美主义本身就是一种不完美。因为这个世界本身就是不完美的，自然是不完美的，人性是不完美的，甚至是残忍的、丑陋的，在这个不完美的世界中要求完美，本身就是一件不可能实现的事情。

为了这件不可能的事情费尽心力，只会让你心力交瘁，越来越累。所以，我们只能趋向完美，但不可能达到完美。因此，别用完美主义强迫自己一定完美，那只会让你感觉到很累。

适当地追求完美是一种积极健康的心理，有利于自己的成长和社会的进步，但追求绝对的完美只会把自己带入一个负面情绪充斥的世界，甚至成为一种病，把自己陷入危险的境地。因此，抛弃自己的完美主义倾向，包容自己、他人和这个世界的不完美，让自己不再心累。

第八章

为什么有时候会莫名其妙地纠结

在人生的岔路口，你该往哪走？人生中有很多这样的选择题，让我们不知该如何选择，所以，站在路口反复纠结，纠结得心疼。其实，纠结的根本原因是你不知道自己到底要什么，你没有明确的自我意识，所以才不知道哪条路是你正确的选择。其实，选择哪条路都有可能正确，也都有可能错误，人生不是数学题，不是只有一个答案，人生也不是一次选择就能决定的，选择什么固然重要，但怎样选择更重要，明白这些，或许你就不会再那么纠结。

一生的难题——选择

穿裤装还是裙装？吃西餐还是中餐？这份工作是继续做还是跳槽？选择这个人还是那个人展开一段恋情？是继续维持婚姻还是选择结束……人的一生都在面临选择，人的一生就是由无数道选择题组成的一场考验。

选择题，好做吗？不好做。既然自己已经把眼前的这件事当成了一道选择题，就必定要为此纠结。选A还是选B？A有A的好处，B有B的优势，让自己无从选择。特别是在人生的重要关头、命运的转折点上——升学、择业、感情、婚姻，踏出这一步将严重影响自己命运的走向，在这个时候，我们思前想后，对比来对比去，犹豫不决，不敢随便作出决定，无比纠结。

面对这样的选择，谁不纠结？选错了怎么办？选错了就没有退路了，不可能再重来，有可能比现在的境遇还惨。而选对了，自己的人生从此会有另一番境地，有可能更上一个台阶，达到另一种层次或高度。

对与错竟然有这么大的差别，我们怎能随便作出决定呢？所以，要慎重，要非常慎重。

为了不作出错误的决定，我们在选择面前长期犹豫、顾虑重重、摇摆不定，陷入长时间的纠结中，结果弄得自己非常痛苦。

是的，纠结不是一种美好的心理体验，它会让自己很痛苦。就好比一头饥饿的牛，面对两堆稻草，选择吃哪一堆呢？无法决定。结果它在这两堆稻草中间徘徊来徘徊去，这个时候它的腹中却是饥肠辘辘，能不痛苦吗？

是的，选择的过程异常纠结，纠结让我们非常痛苦。

这些日子，陈然心里非常焦虑、纠结，纠结什么呢？不知该如何选择。选择什么呢？感情。

现在有两个男孩追求她，一个是她的同学，他们已经有一定的感情基础，但这个同学的经济条件不是很好，目前是一无所有，房车几年内更是别奢望。另一个呢，是别人给他介绍的，家境很好，工作收入也不错，房子也买了，万事俱备，只差女主人，但并不是她喜欢的类型。

该选择谁成为她一生的伴侣呢？按照她的内心，她一定会选择自己的所爱——她的同学，但是，父母、亲人、朋友都告诉她，贫贱夫妻百事哀，光一套房子就够你们奋斗几十年了，你不要太理想化了，爱情不能当饭吃。

选择那个相亲对象吧，她又过不了自己心里这一关，难道真要选择一个自己不爱的人结婚吗？这不符合自己的感情观和价值观，为了所谓的现实抛弃爱情和爱人，这不是她应该做的事。但是，让她就这样和她的同学裸婚，她又下不了这样的决心。

该怎么办呢？她为这件事已经纠结很久了，不管是上班还是下班，只要她想起这件事，就觉得无比纠结，无比痛苦，长期拖着不作决定，她身边的人也受到了影响。父母跟着她焦虑，男朋友知道了她的犹豫不决，也变得不快和痛苦。而那个相亲的对象还在不遗余力地追求她，让她不知该如何应付。她不想在两个男人之间周旋，但她真的不知道该选择现实还是爱情。

陈然够纠结的。面对这种事，很多人都纠结。感情、婚姻，这几乎是人生中最重要的事情，因为这件事不光关乎着自己的幸福，也关乎着另外一个人的幸福，所以，我们不能轻易选择。爱人比工作更难让人抉择，工作错了可以换，但爱人选错了可没那么容易换，选错了那是两个人甚至是三个人的痛苦。

陈然的纠结我们可以理解，面对这样的人生大事，谁也无法在顷刻之间作出决定。还有一些人不仅对这些大事纠结，对生活中的一些小事也纠结。例如明天要不要去参加那个聚会，这件衣服要不要买，点这个菜还是点那个菜……面对这些小事也无比纠结，让他们身边的人觉得莫名其妙："这些事情你也纠结？你也太容易纠结了吧。"

是的，有些人就是这么爱纠结，他们的纠结已经成了习惯，只要面对选择，他们就纠结，简直是得了选择恐惧症。只要面对选择，他们就征求他人的意见，反复询问再作决定，有时恨不得让他人给自己作决定。

为什么有些人会这么纠结呢？为什么其他人无论是面对人生大事或是小事都不容易纠结呢？

心理学认为，这些容易纠结的人是基于三种心理：第一，追求完美的心理。选择此又害怕失去彼，这是一种什么都想要的、不现实的完美主义倾向，他们希望拥有人生的所有可能。第二，恐惧错误的心理。每个人都怕做错事，怕选择错误，但是容易纠结的人特别害怕选错，为了杜绝错误，他们宁愿活在纠结中，也不愿作出选择。第三，缺乏主见的心理。没有主见，没办法在选择面前根据自己的人生经验作出判断和选择，因而陷入纠结中。

基于这三种心理，我们该如何治愈这些人的纠结病呢？

1.不要追求尽善尽美

这世界上没有完美的东西、完美的人和完美的事情，选择了这个，你就会失去那个，这是无法改变的事实。你如果想要这又想要那，肯定要纠结。所以，不要追求尽善尽美，也不要有那么强的占有欲，你不可能什么都拥有。要想好自己要什么，适合什么，尽快作出决定，摆脱纠结。

2.人生不是一次选择就能决定的

有些人特别害怕选择错误，他们害怕一次选错将影响终生的命运。确实，有些事情一旦选错会给人生带来重大的影响，例如"男怕入错行，女怕嫁错郎"，但是，我们不能因为恐惧错误就迟迟不作选择，让机会在犹豫中一次次错过，这样机会就会越来越少，这也是一种错误。

其实，事情没有你想象中的那么严重，无论是事业或是爱情，都不是一蹴而就的事情，不是一次选择就能决定命运。选择之后，还需要奋斗、经营，才能决定你的选择对错与否。就算选错了，也不是绝对不可以重来。人生无论怎么选择都是一种冒险，人生也不是一次选择就能决定的。因此，在选择面前不要过于纠结，该出手时就出手，才是真正该做的事。

3.有胆识和主见

不敢选择，无比纠结，和自己的性格弱点有关系，例如从小就过于依赖他人、不够自信、缺乏人生经验，因而失去了判断力，对什么事情都没有自己的主见，所以什么都无法自己拿主意做出选择，这些人就很容易纠结。

这类人要摆脱纠结，就要训练自己的性格，让自己变得有胆识和有主见。这需要时间去积累知识和见识，也需要他人的帮助，在面对选择时，他人不要再轻易给意见，自己也不要再随意去询问他人的意见，先从小事做起，学着自己拿主意，然后再对一些大事作出自己的选择，从这样有意识的训练中让自己变得不再害怕选择，不再容易纠结。

我们的纠结来自于选择，选择是人一生的难题，面对这道难题，我们首先要抛弃完美心理，克服恐惧心理，拥有主见和胆识，才能不因纠结而痛苦。

你到底想要什么

为什么我们在面对选择时会无比纠结？仅仅是因为我们要求完美、恐惧错误和没有主见吗？这些当然是纠结的主要原因，但在这些原因背后，还有一个更深刻的原因，那就是——我们根本就不知道自己到底想要什么。

对，我们根本就没找到重点，不知道自己究竟想要什么，才会在选择面前不停地徘徊和纠结。选择工作时，我们究竟是想要一份更能发挥自己特长更能体现自己价值的工作，还是想要一份稳定的但对自己没什么提升的工作呢？面对感情和婚姻时，我们究竟是想为爱情结婚，还是想为财富而结婚呢？面对人生，我们究竟是想要一个充满冒险、挑战、体验的人生，还是想一个安分、按部就班、今天就能看到无数个明天的人生呢？

这些是大事儿，不想清楚自己到底想要什么，肯定要纠结。而面对一些小事情呢？你究竟是想要一件更舒服的衣服，还是想要一件更漂亮的衣服？究竟是想吃一份更可口的饭菜，还是想吃一顿大餐？究竟是想在家里看书学习还是到外面吃喝玩乐？不知道自己要什么，这些生活中每天都要碰到的小事儿也会让你无比纠结。

纠结的人其实都是不知道自己想要什么的人，迷惑越多，就越纠结。但凡对人生有一些认识的人，都会纠结。但是这认识又不够清晰和透彻，这个好像是你的想法，那个好像也是你的想法，于是，纠结吧。

你到底想要什么？不能够回答这个问题的人，其实是不知道自己的人生观、价值观和感情观是什么，在这些重大问题上迷茫的人，怎么可能不纠结呢？

刘婕在这个单位已经工作三年了，工作轻松稳定，收入也有保证，这可是好多人梦寐以求的工作，如果不是家人的帮忙，她也不可能有这样的工作。现在的年轻人想有一份好工作多么不容易啊，她的同学们好多至今还是文员、助理，白领的最底层，在生存的水平线上挣扎。比起他们，刘婕应该很知足。

可是，最近她心里却非常不安，因为她不满足现在的工作，现在的生活，她觉得每天的生活就像复制粘贴一样，昨天和今天一样，今天和明天一样。这样她就可以推断，她今年的生活和明年一样，明年和后年一样，也就是说，她这辈子就这么着了。除了年龄在逐年增加以外，她的人生不可能有什么变化了。

天啊，想到这里她就觉得非常恐怖，她还年轻，她不想今天就看到她六十岁的样子。因此，她有点想换个工作，换个活法，尤其是她看到《北京青年》这部电视剧之后，她的心更活了。

但是，这是大事儿，她不能擅自作决定，她得和父母商量。父母一听，如雷轰顶："什么，你想辞职？你哪根筋不对了？你知不知道家里为了你这个工作，费了多大劲儿，你现在说不干就不干了？不干这个你干什么？你不知道现在生存有多难，你换个工作试试，你能有今天的一半儿好吗？"

"唉!"刘婕听爸妈这么说,叹了一口气,她觉得爸妈说得也对。自己虽然有换工作的想法,但真要走出这一步却很难。

于是,刘婕没和父母争辩,乖乖地又回到单位上班。但是,她的心情却变得不踏实了,又想辞职,又舍不得辞职。今天厌倦工作了,就特别想辞职;明天看到某些人在社会中混得那么惨,又打消了辞职的念头。她就在这样的纠结徘徊中过着每一天。

刘婕的纠结可能我们也有过,又想安稳又想精彩,今天想安稳明天又想精彩,这样的人,往往是什么样的日子都过不了。你给他平淡的生活,他渴望精彩;你真的让他出去奋斗精彩了,他又嫌太累了,又想回到平淡安稳的日子。这样的人,其实是没有自己的人生观,根本不知道自己想要什么样的生活,所以才每天活在纠结中。

这样的人,其实自己也很痛苦,他们的内心犹如钟摆,不停地在两边摇摆,总是停不下来,因此总也不踏实。

不清楚自己想要什么的人其实很多,但是,这样的人还是好的,因为迷茫的人就是在试图寻找出路的人,"你到底想要什么?"其实就是对自己内心的叩问。迷茫但还没有糊涂、麻木,不是在混日子,灵魂还没有死,虽然纠结和痛苦,但他们正在试图寻找自我,在这样的纠结中,他们试图突破自我,完成自我的救赎。

所以,任何一种负面情绪都隐含着向上的力量!那么,我们如何从痛苦的纠结中涅槃重生,找到自己真正想要的生活?

1.找到自我

"你到底想要什么?"如果你也曾经这样问过自己,那么你其实是还没有找到自我。你还不知道自己是个什么样的人,想要什么样的生活,所以你才会在很多问题上纠结。没有自我或者自我意识不够明显，所以才会听从他人的意见，遵循了社会大众的选择，最后却发现选择这样的生活你并不快乐、并不满足，可又没有勇气逃离这样的生活，于是，只能活在纠结中。

那么，想要不纠结，只有找到自我，给自我一个清晰的定位，给自己的人生找到一个明确的方向，然后勇敢地迈出这一步，去追求你想要的生活，并从此坚定不移，不再纠结。

2.听从内心的召唤

如何才能找到自我？对于那些个性不明显、自我意识比较迟钝的人来说，找到自我并不是一件特别容易的事，有许多人都是一个自我模糊的人。那么，这个时候，就用一种最简单的方法，让自己的本能来作决定——遵从自己的内心，听从内心的召唤，哪里感觉到快乐、幸福就奔向哪里，哪里觉得不快乐、不幸福就离开哪里。真正的自我都是让你做令自己快乐的事，而不是相反。因此，奔向自己的快乐和幸福，纠结自然就会离你而去。

当一个人知道自己要什么的时候，面对选择他会毫不犹豫，苹果还是桔子，他会很快选择一个，不会纠结。

你不止一个自我

　　找到了自我是否就一定不再纠结？也不一定。生活中有一些人，他们非常有个性且自我，大多时候他们都知道自己要什么，但在某些时候，他们一样会纠结，不知道自己应该选择什么。这类人纠结的原因是什么呢？

　　是因为性格。我们知道，人的性格极其复杂，只有一部分人的性格是单纯的，是纯色的，大部分的性格是多色的，例如我们常说的双重性格、多重性格、主次性格等。性格的复杂性让我们在一时之间难以找到真正的自我，难以给自己一个清晰的定位，但更麻烦的是，性格的复杂性决定了人不止一个自我，例如双重性格，就有可能有两个自我，甚至是非常矛盾的两个自我。

　　这两个矛盾的自我决定了双重性格的人非常容易纠结。这是为什么呢？

　　我们先来看看双重性格的定义，双重性格是一个人具有两个相对独特的并相互分开的亚人格，在相同时刻存在两种或更多的思维方式，各种思维的运转和决策不受其他思维方式的干扰和影响，完全独立运行。

　　双重性格的人在思考问题时常常有两套思路在运转，影响了信息的采集，也影响了对于结果的选择。他们往往因此不能选择或左右不定，甚至因此引发焦虑、头痛、失眠等症状。双重性格的人很矛盾，这种矛盾深入骨髓。

双重性格的人因此有了两个自我，他们的内心常常"打架"。就好像内心有两个完全不同的小人儿一样，他们会互相对话、互相较劲、互相说服、互相敌对、互相冲突，这样的人内心怎么可能不纠结呢？简直太纠结了，而且纠结得相当痛苦。

所以，双重性格的人会经常纠结，这种纠结会让自己或他人都觉得莫名其妙：为什么我的想法总是自相矛盾呢？哪一个才是真正的自我呢？

高凌在同学和朋友的眼里，一直是个非常有个性的人，对什么问题他都有自己独特而且全面的见解，无论他人向他请教什么生活难题或心理问题，他都能给对方清晰准确的建议，以至于朋友们都说："你简直就是个心理专家啊。"

高凌自己却说："不敢当，不敢当。"

因为他知道自己这个"心理专家"是"医人不医己"，说起别人的问题头头是道，而面对自己的生活难题却常常是异常纠结。

例如他现在，工作收入挺高但却非常忙碌，几乎没有休息时间，弄得自己很疲惫，他想辞了这份工作，找一个轻松自在的工作，或者做一个自由职业者，但是那样的工作绝对不会有现在的收入高，甚至朝不保夕。

他很矛盾，矛盾的原因并不是他不知道自己想要什么样的生活，而是这两种生活都是他非常渴望的。他想拥有成功的事业和金钱，拥有世俗的成就感和安全感。可是心底的另一个声音又告诉他："你那种活法太俗气了，你应该追求更多的精神自由和悠闲时间，去过一种更理想的生活。"

所以他的内心总是有两个自我在要求他去为两种生活奋斗，这两种想法终日互相交替，互相试图说服，最终也没个结果。高凌想，他可能这辈子都要活在这两个自我的纠结中。

高凌的心中有两个自我：一个世俗主义者，一个理想主义者，所以他矛盾、他纠结，在面对生活中的种种问题时，他不能在顷刻间作出选择，总要经过内心的争斗、挣扎，甚至是长期的纠结，才可能有个结果。

像高凌这种人一定会活得纠结，这种纠结会让不了解他的人或者他自己都会觉得莫名其妙，不理解他的言行，觉得他的想法怎么这么怪。

双重性格的人都很聪明，因为他们有两种思维，看问题比别人更全面，但也因此活得复杂，越聪明的人越容易纠结。那么，多重性格的人就有可能有三个自我，他们更纠结、更拧巴，在面对选择时更加无所适从。

所以，人没有自我很可怕，会不知道自己想要什么，因此会纠结；但有多个自我也很痛苦，会什么都想要，所以最终不知道该如何选择。这两种人都会在选择面前迷茫、犹豫徘徊，纠结万分。

因为江山易改，本性难移，所以，这类人的纠结很难治疗，但是，我们也不能因此任由自己活在纠结中。

1.看清楚眼前最重要的事情是什么

事情总有轻重缓急，当你心中的两个自我"打架"时，不妨把过于关注自我的目光投向现实，看看眼前最重要的事情是什么。人作决定无非有两个选择，一是遵从内心，二是遵从现实，当内心无从选择时，我们就遵从现实。

现实告诉你现在最重要的是生存，是有饭吃，那么你就选择一份能让你生存的工作，把爱好和理想暂时搁置起来。现实告诉你现在最重要是有一个安稳的家，而不是去追求一份虚无缥缈的爱情，那么你就去找一个合适的人结婚。当感性解决不了问题时，就用理智去解决问题，这样才能尽快不纠结。

2.让两个自我和平相处

两个自我在内心不停"打架"，你的内心当然难以平静。想要不因两个自我而纠结，那就只有让这两个自我和平相处，尝试同时实现自我，这不是不可能的。例如我们可以一边踏实地生存，一边为梦想默默奋斗；可以今天疯疯癫癫地玩一场，明天彻底安静一天。让两个自我都能过他们想过的日子，找到平衡并和平相处，我们的内心可能就不会那么纠结。

你不止一个自我，这是幸运，因为你比别人聪明、灵敏、周到、细心，但也有些不幸，因为你会比别人活得纠结，但性格既然难以改变，我们就只有在聪明之余再增加一些处世的技巧，不仅聪明，还要智慧，只有这样的人，才能真正不纠结。

在现实和理想之间徘徊

"理想很丰满，现实很骨感"是当今一句很流行的话，它告诉我们，理想很美好，现实却很残酷，理想与现实之间总有着或大或小的差距。我们想寻求理想，却一不小心跌落现实。理想与现实是一对矛盾体，每个人都活在这对矛盾体中，只要你不是纯粹的理想主义者或纯粹的现实主义者，都会或多或少为现实和理想纠结。

人活在现实中，不现实是不可能的，不现实你没法生存，不现实你会被现实排挤，不现实你会活得很痛苦。但人若只是现实，就会活得庸俗、世故、充满铜臭味，会感到空虚，所以人还需要理想，人有了理想，才活得更像人。

但现实与理想有时就像矛盾的两极，想现实就必须放弃理想，要理想就必须放弃一些现实。但人总是贪婪的，既想要理想又想要现实，既想活得脱俗一点、超然一点、与众不同一点，又想得到一些世俗的东西，比如名利，所以人总在现实和理想之间徘徊，所以人总是纠结。

在理想与现实之间徘徊的人不仅仅是我们，许多古人、名人都曾在现实与理想之间徘徊，例如孔子、李白，他们都有拯救苍生、治国平天下、劝诫人修身养性的理想，但他们又热衷功名、渴望报效朝廷，他们的理想也在现实面前屡屡受挫，面对现实与理想，他们同样纠结。

智者同样为现实与理想纠结，何况我们凡人呢？为什么人会为现实与理想纠结呢？因为人的理想需要通过现实的手段来实现，例如李白想拯救苍生，但靠一己之力是无法实现的，必须依靠权力才能完成他的理想，所以他必须说服自己要屈从现实。还有，人固然再有理想，身体依然是血肉之躯，需要满足基本的衣食住行，否则，理想也会跟着身体的虚弱而消亡。

但人一旦屈从于现实，便没有那么多的时间和精力去实现理想，也可能因为现实的种种限制而无法实现理想，这个时候，人的心情会更加痛苦、纠结。

陆晓晴，在这个大城市已经奋斗很多年了，但是她的理想却还像天空飘过的风筝那样，飘飘忽忽、摇摇欲坠，不知到何时才能真的展翅飞翔。

是的，比起他人，她有理想，甚至有点理想主义。有太多的同龄人也许只要一份能够糊口的工作、一个一起搭伴过日子的人、一份很现实的生活，她不能说他们的追求是错的，但是她觉得这样是远远不够的。

她希望自己的工作不仅是为了满足自己的衣食住行，而是能实现她的价值；她渴望的爱人不仅仅是一个搭伴过日子的人，同时也是一个灵魂上的伴侣；她渴望的生活不仅是吃喝拉撒、衣食住行，而是能让她感觉到生活更多的意义。

所以，她的要求太多了，她想要的生活也许只存在她的理想中，但是，要她放弃她的理想却很难，想要实现理想更难。但是，她要生活，不管理想能不能实现，她都要先生活。为了生活，她做过很多不喜欢的工作，她努力地工作，内心却不快乐、不满足，这不是她想要的工作，于是不停地跳槽。有人追求她，能给她提供衣食无忧的生活，但和她没有什么共同语言，所以她拒绝。

其实，她也很渴望像别人那样拥有一份世俗的、平淡的幸福，但又觉得如果能拥有理想中的生活一定更幸福，于是，她在现实与理想之间徘徊着，纠结着，迟迟安定不下来。

这世界上的人大部分都是拥有理想却又不得不面对现实，太现实或太理想化都很难生存，太现实人会活得空虚，太理想化注定要失望，但既现实又理想的人却容易纠结，所以人活着不可能总是处于最满意的状态。

生活在不断前进，而我们要力求从不满意的心理状态中挣脱出来，达到自己理想的境界。所以，有时候理想向现实妥协，有时候现实向理想靠拢。谁固执地永远不妥协，谁就会被纠结的情绪套牢。

但是，有的人天生就不是容易妥协的人，或者他觉得容易妥协的人更不容易实现理想，我们不能否认这样的想法就是错的，但是抱着永不妥协态度的人，必定会在现实与理想的冲突中纠结。

我们可以不妥协，但是我们如何让自己不纠结呢？

1.心怀梦想，脚踏实地

想要在现实与理想之间不那么纠结，必须在现实与理想之间找到平衡。

如何找到平衡？心怀梦想，脚踏实地。具备实现理想的条件和时机时，就去实现理想，不具备这样的条件，那么就脚踏实地过好现在的每一天，伟大的理想是建立在坚实有力的基础上的。不具备在现实中游刃有余能力的人，其实也不具备实现理想的能力，因为理想都是来自于现实。那些天天批判现实、埋怨现实的人，其实才是永远无法实现理想，并永远在现实与理想之间纠结的人。

2.出世之精神，入世之情怀

"必出世者，方能入世，不则世缘易堕；必入世者，方能出世，不则空趣难持。"出世和入世是佛法大乘的精神道理所在。它告诉我们只有具备入世和出世两种情怀的人才能在现实与理想之间找到真正的平衡。

如何解读这句话呢？人既不能入世太深，即太现实，这会让人纠缠于世俗小事；也不能超脱出世，即太理想化，这会让人脱离现实，不食人间烟火，不懂人情世故。因此，人必须以出世的精神去做入世的事情，以出世的态度做人，以入世的态度做事，才会真正活得自在、自由、不纠结。

古往今来，有许多人在入世和出世之间自由驰骋，例如苏轼、陶渊明等。而对我们现代人来说，出世浅些，入世深些，更能找到心灵的平衡。

现实与理想，我们不能丢了任何一个，丢掉之一，或许不再纠结，但会滑入另一个深渊，只有在现实和理想之间自由来去、找到平衡的人才是真正不为两者纠结的人。

第九章

为什么有时候会莫名其妙地自卑

天下无人不自卑,你认同这句话吗?无论你表面看起来是强悍还是胆小,骨子里总是会或多或少感觉到自卑。因为人的性格、成长的环境、生活经历、内心的脆弱,人总是会莫名其妙感觉到自卑。但人又特别怕自卑,不愿让他人知道自己自卑,因为我们总是认为懦弱的人才自卑,所以,我们用各种表现来掩饰自己的自卑:虚荣、强烈的自尊心、炫耀、咄咄逼人……自卑有各种各样的外衣,你能识别自己和他人的自卑吗?

天下无人不自卑

天下无人不自卑，你可能不相信，拿破仑、罗斯福、尼采、希特勒、叔本华、康德……统统都是自卑者，这些改变世界命运、在某个领域做出杰出贡献的人怎么可能都是自卑者？

他们确实都是自卑者或者都曾经自卑过，这个世界上从来就没有完全不自卑的人。

这一点，《超越自卑》的作者、著名心理学家阿德勒也这么认为：人一生都伴随着自卑感，之后需要用一生的时间，去提高自己的技能、优越感和对别人的重要性。

为什么天下人都是自卑者呢？因为人本质上就是自卑的动物，肉体凡胎不如自然完美，在这个世界上，人感觉渺小而又脆弱。

哪些表现证明人都是自卑者呢？老实人：畏畏缩缩、唯唯诺诺；狂热者：以为自己可以拯救苍生、改变世界，但一旦遭遇挫折，就如霜打了的茄子一样，一蹶不振、自暴自弃；穷人自卑，生活处处捉襟见肘；富人也自卑，在比他钱多的人面前，在他无法控制的世界面前，他也自卑；身体残缺者，太矮、太丑或身体有明显的缺陷，都会让他自卑。

有一些人的自卑掩饰得很好，可若仔细分析他们也是自卑者：占有型的人、完美主义者、毁灭者、冷漠者，还有虚荣心过强的、自尊心过强的、爱炫耀的、喜欢攻击人的等等，他们的一切外在表现皆是为了掩饰他们内心的自卑。

你若不信，来看看希特勒。因家庭贫困，希特勒从小就流浪街头，饱受饥恶的折磨和别人的冷眼，所以，他从小就被自卑缠住。为了克服自己的自卑，他想要改变世界。他把自己的命运投射到强大的德意志民族中，民族的强大就代表了他自己的强大，希特勒就是从一个自卑型的人变成了一个毁灭者。

当然，希特勒是一个反例，他是那种因为自卑而走上毁灭的人。而看我们身边，自卑者更是有不少。每个人都真实地面对自己，想一想从小到大走过的路程，你从来就没有自卑过吗？恐怕没有人会给自己肯定的答案。

天下无人不自卑，有这么一个人她一路都是从自卑中走来。

我从小就自卑，因为我个子矮，先天条件不足，打球不占优势，也得不到别人的肯定，所以一直很自卑，怕打不过别人，怕失败，于是我没日没夜地刻苦训练。我每次打球都跺脚、大吼一声，可能就是为了克服内心的自卑。

退役之后，我进入清华大学学习英语，别的同学都学了好多年的英语了，我连26个英语字母都认不全，我特别自卑。为了克服自卑，我又拿出打球的狠劲儿，每天5点准时起床学习，一直学到晚上12点。

清华大学毕业后，我又到英国诺丁汉大学和剑桥大学学习，在那里我更自卑。周围的同学几乎全都比我优秀，我曾经取得的一切成绩都成了零，我自卑得不得了，没办法，我只有继续苦读。

这一路走来，自卑一直伴随着我，我也从来都不否认自己是个自卑的人，不管我后来如何成功，在外人眼里如何强大，但我心里知道，我所做的一切都是为了克服内心的自卑。

这个人是谁？她就是邓亚萍。这个世界冠军，清华大学、英国诺丁汉大学和剑桥大学的优秀毕业生是这样一个自卑的人，可以说，自卑伴随了她大半生。

这就不难理解我们身边的好多人为什么会莫名其妙地自卑了，因为人人都自卑。平庸者自卑，优秀者也自卑；长相普通者自卑，帅气漂亮的也自卑；弱势的人自卑，强势的人也自卑……谁都会自卑，没有谁是天生强大的人，也没有谁是时时刻刻心理都强大的人。

既然天下无人不自卑，那么当你发现自己自卑时，就不要觉得这是一件过于可怕的事情，尝试去包容自己的自卑；当你看到身边的人自卑时，就不要用异样的眼光去看他们，原谅他们的自卑。

每一个人都是在自卑的阵地中穿梭，同时自觉地躲避自卑射来的枪弹，但不同的是，有人躲过了，有人却被击倒在地。那些躲过枪弹的人超越了自卑，但又有不同，有些人超越自卑的方式是毁灭，有些人超越自卑的方式是掌握。前者如希特勒，后者如康德。

能够通过掌握的方式超越自卑的人是少的，它需要勇气、能力、智慧等等，能够超越自卑的人比那些很少感受到自卑的人更强大，自卑没有成为他们掌握世界的阻力，反而成了驱动力，他们通过改变世界、改变现实的方式超越了自己的自卑。

所以，自卑并不可怕，重要的是你如何面对自卑，如果你努力工作、好好生活，像心理学家阿德勒说的那样"努力提高自己的技能、优越感和对别人的重要性"，那么，你永远都无需担心自己的自卑。

但是，生活中的更多人却无法超越自卑，而是终日和自卑纠缠，纠结于自己的自卑情绪中，被强烈的自我否定、自我怀疑所折磨，这些人不明白"天下无人不自卑"的道理，过于自卑，总觉得自己不如别人，其实别人也和你一样有自卑。

人与自然比较也会自卑，人再强大也无法控制自然。在自然面前，人是那么的孱弱，那么的无可奈何，所以，人就会莫名其妙地自卑。充分了解人的自卑，你才能正确面对自卑，也才能不盲目地自卑。

总拿自己的短处和别人的长处比

为什么有的人会莫名其妙地自卑？我们想想看，如果班级里只有你一个人，那么考好考坏都无所谓，因为无人比较；如果公司只有你一个员工，干好干坏都无所谓，因为无人比较；如果这世界上只有你一个女人，漂亮不漂亮也无所谓，因为无人比较……但是，一旦有了比较，我们心里就打破了平衡，发现了自己不如别人的地方，于是，开始自卑起来。

所以，自卑来源于比较。当然，比较并不是一定就会产生自卑感，因为一个人身上总有优点，总有优于他人的地方，只有那些习惯性的比较，并总是拿自己的短处和别人的长处比的人，才总是会莫名其妙地自卑。

例如当一个天使面孔、魔鬼身材的女子从你眼前走过的时候，你一边赞叹她的美丽，一边为自己相形见绌的身材感到自卑；当你与一个优秀、能干的同事共事，你一边佩服他的能力，一边为自己的平庸自卑；当你与一个才华横溢的人聊天时，你一边为他的博学、见识倾倒，一边为自己的才疏学浅自卑。

看，自卑就来自这里——比较。当你看到他人时，你看到的不仅仅是他人身上的优点，你同时也在审视自己身上的缺点，你拿他人的优点来映照自己的缺点，你怎么可能不自卑呢？

我们可以欣赏别人，但你可不可以别同时贬低自己。自卑感的产生与客观因素及对自我的评价因素有密切的关系，如果你对自己的评价总是不如别人，你当然容易自卑。而且，你只要看到一个人，总是会不由自主看到自己身上不如人的地方，所以，你总是会感到自卑。这种自卑会随时发作，连你自己都有点莫名其妙："我怎么总是自卑？"其实，你不知道，你总是下意识地去和别人比较，并习惯性地拿自己的缺点和别人的优点比较。

在朋友的眼里，张玫有很多的优点，但她所有的优点都比不过她的一个缺点，那就是自卑。张玫总是自卑，她的自卑感发作的频率特高。

看到身边的女伴，她会说："唉，看人家，个子多高，就我个子这么矮。"

"看人家，有那么好的工作，收入那么高，有房子有车，而我一无所有。"

"看人家有那么好的男朋友，而我还单着。"

"看人家能到那么多地方旅游，而我哪里都没去过。"

最后她还给自己总结："怪不得我没人要呢，什么都不如别人。"

张玫就这样，在和别人的比较中，一次次否定自己，让自卑感一次次打击自己，却不懂得欣赏自己。她都忘了，她虽然个子不高，但五官很动人，性情很温柔；虽然没有房车，但她在努力工作，她有才华、有潜质；虽然没有男朋友，但其实追求者众多，只是她还没有去选择；虽然没去过很多地方旅游，但她爱看书、看电影，她既文艺又有气质；还没有人要，不是因为她不如别人，是她要等的那个人还没有发现自己。

所以，她根本就无需自卑。

张玫这么容易自卑，她总是习惯性地拿自己的缺点和别人的优点比，比较可以使人与人之间的差距暴露，较差的一方就容易产生一种瞧不起自己的消极心理，这便是自卑。

有的人就是这样，总是感到自己某些方面有欠缺，深感自己比不上别人，总是看不到自己身上的优点。他们喜欢抬高他人并同时轻视自己，并不是他们自身就真的有某些缺陷和短处，而是不能正视自己，因而产生了自卑情绪。

人一旦陷入自卑的情绪中，便容易顾影自怜。人一旦自卑，思想和行为都会受到限制，没有勇气为自己树立目标，更没有勇气为目标而奋斗，因为他们不相信自己能战胜困难、实现理想，所以他们得过且过、原地踏步，结果他们更不如别人，变得越来越自卑。

自卑会让我们变得情绪低沉、郁郁寡欢，严重缺乏自信心，不敢参与竞争，一点失败也会和我们如影随形，逐渐让我们身心疲惫、不思进取，觉得生活没乐趣。

自卑像贪吃的害虫，在不断吞噬我们的心灵，如果不能及时赶走自卑情绪，那么，我们的心灵就可能被阴影笼罩。

1.更加全面地认识自己

每个人都是独一无二的，一定有他人身上所没有的优点，老天爷是公平的，不会把所有的缺点都集中在你身上，也不会把所有的长处都给了别人。所以，你要更加全面地认识自己：也许自己个子不高，但长得漂亮；也许不如别人漂亮，但皮肤很白；也许不如他人那么能干，但有一个人见人爱的好性格；也许你现在各方面不如他人，但你的未来显而易见将是光明的。

所以，不轻视别人，更不要轻视自己，你身上有诸多优点，要学会欣赏自己、爱自己，才不会轻易自卑。

2.别把自己看得那么重要

人为什么会自卑？为什么总是拿自己和他人对比，并总是从他人身上看到自己的缺点？原因正是把自己看得太重要。

看到别人身上的优点，欣赏的同时总是喜欢联想到自己身上，其实，他人的优点和自己的缺点有什么关系呢？就算自己有这个缺点又有什么关系呢？也许这个缺点别人根本就没看到或者根本就不在意，只有你自己刻意把它放大。说实话，这只是因为你把自己看得太重要了，你的缺点别人并不在乎，是你自己太在乎了，生怕别人因为你的缺点而否定你自己，所以，你才总是看到自己的缺点。

所以，不轻视自己，但也别把自己看得那么重要，就把自己看作一个最普通的人，有优点也有缺点，但综合比起来也不必别人差，这就够了，何必自卑呢？

自卑来自于挫折和失败

　　人多多少少都会有些自卑，绝对不自卑、从来不自卑的人几乎不存在，可以说，适当的自卑并不影响人的正常生活和心理，人会自发去调试这种心理。但是，有些人的自卑感特别强烈，并习惯性发作，严重影响了人的身心健康和正常生活，这就不能不重视了。

　　首先我们应该弄清楚，这种强烈的自卑和频繁发作的自卑来自哪里。有一个很重要的源头，那就是曾经遭受的挫折和失败。

　　当一个人遭受了比较大的挫折和失败之后，他的自信心就会受到严重的打击，那么他就会变得自卑，并拼命检讨自己这里不好，那里不好，这时他看不到自己的优点，他的内心被强烈的挫折和失败冲击，被自卑感所包围。

　　例如当一个运动员本来非常有实力拿到金牌，他对这块金牌怀着强烈的渴望，却意外发挥失常没有拿到，这个失败对他的打击可谓是巨大的，那么在接下来的一段时间内，他会怀疑自己的能力，并自我否定，陷入自卑的情绪里。

　　或者一个人和自己的男朋友或女朋友谈了很久的恋爱，本来一帆风顺，他信心满满能走到结婚的那一天，等来的却是分手的厄运，这样的打击会让他一下子懵了，不知所措，那么，他就会胡乱分析，自己这里不好还是那里不好，不然对方怎么会抛弃自己呢？一下子陷入自卑的情绪里。

这些大的挫折和失败造成的自卑感非常强烈，并会在一段时期内长期存在，并不定时发作，特别是下次遇到同样的事情时，会变得畏首畏尾不敢行动，并影响自己的行为。例如失败的运动员在下次比赛时，会不再相信自己能再次获得成功，带着这种心理阴影，就会影响自己的发挥。而失恋的人再次恋爱时，会变得患得患失，不再相信自己有魅力能够赢得爱情。

所以这些大的挫败会成为一个人的梦魇，当想起或遇到同样的情境时，自卑感就会莫名其妙地发作。

谭鸣单身有一段时间了，朋友问他："怎么这么久了，你都没交女朋友？你上次谈那个女朋友不是分手好久了吗？"

"我这样的人，谁看得上啊，算了，不谈了。"谭鸣落寞地说。

"怎么这么说自己啊，可不能看轻自己。"

"唉！"谭鸣叹了一口气，没再说话。

是的，他是好久没谈恋爱了，不是不想谈，是不敢谈了。上次分手带给他的打击太大了，他一心一意地对她好，换来的却是悲惨的结局。他曾是个非常自信的人，自此以后却强烈地怀疑自己，怀疑自己没那么优秀？没那么温柔，不懂感情，不懂得如何去爱，不然为什么她没选择自己，也许自己根本没有自己想象中那么好。

从此，自信的他突然变得自卑起来，而且每每想起，他的内心就被强烈的自卑感所折磨。

过了几天，朋友又和他说起这件事："谭鸣，给你介绍个女孩吧，总单着也不是个事儿。"

在朋友的一再要求下，谭鸣和那个女孩见了面，没想到，见面之后，谭鸣对那个女孩还挺动心。

几天之后，朋友问他："交往得怎么样啊？约过几次了？"

"没约过。"谭鸣说。

"为什么啊？你不满意吗？"朋友问道。

"不是，挺满意的。"

"那怎么不追求呢？"

谭鸣没吭声，他心里的感觉谁能明白呢？越是感觉好越是不敢再追求，这个女孩比上次那个女孩更好、更优秀，上次那个女孩都没能追到，这个女孩更别提了。他觉得自己配不上人家。

谭鸣心中的自卑来自于失恋，上一段感情的失败带给他的阴影始终挥之不去，让他不再相信自己，不再相信自己还有拥有爱情的能力。挫折和失败带给人的负面情绪是如此巨大，它带走了一个人的自信。

所以，当我们感觉到自己自卑或感觉到身边的人自卑时，不要嘲笑他们莫名其妙，应该试着去体会他们心中的痛，因为他们可能遭遇过重大的挫折和失败，他们心中还残留着伤害。

没有任何一种情绪是无缘无故来的，你觉得莫名其妙，是因为你不知道它产生的源头，因此无法理解他的情绪。

人一生要经历过许许多多挫折和失败，大的小的，有的人能在挫折和失败中成长起来，但有的人却会被挫败给击倒，可能是自己的承受力太低，也可能是这件事对他来说过于重要。总之，那些在某件事上容易产生自卑的人，一定是在这件事上栽过跟头。

1.自信需要一点点建立

有强烈自卑感的人很少，一个人的自卑是在一次或者多次挫败中产生的，自信是在这个过程中一点一点消失的,所以,想让一个人克服自卑重新建立起自信需要一个过程,需要时间。请给自己一些时间,平复心情,走出阴影,赶走自卑,再次尝试某件事,并在这个过程中重新建立起自信。

例如失恋了,那么再爱一次;失业了,重新找到工作好好干。可能你在这个过程中还会自卑,但不去尝试你永远无法建立自信。

2.给那些自卑的人温暖的关怀和鼓励

如果我们身边的人陷入自卑的情绪中无法自拔,那么我们应该怎么做呢?当然应该给他最温暖的关怀和鼓励。他的自卑很可能就来自于他人的拒绝,让他感觉到了人情冷暖、世态炎凉,那种被抛弃的感觉让他无法自信地活着。

那么,让我们给他自信,用朋友或亲人最无保留的关怀、爱和鼓励,让他重新建立自信。告诉他:你有很多优点,有很多别人没有的优点,曾经的挫败不代表你一无是处,谁没失败过,但他们最终成为了优秀的人,并拥有了自己的幸福。你,也可以!没必要这么自卑。

在挫败面前,我们都会一时迷失,都会无法找到自己,无法找到自信,但这都是一时的,当往事渐渐远去,自卑终将离你而去。

第十章

为什么有时候会莫名其妙地沉默

　　面对沉默的人，我们总是无可奈何，不知道该如何应对，对方不出招，我们能怎么办？其实你不知道，沉默就是他的招数，这个招数有着极大的杀伤力，还让你无从招架，最终被他击得遍体鳞伤，这就是沉默的可怕之处。所以，面对沉默我们总是特别恐惧，为了消除这种恐惧感，我们总是试图打破恐惧，但到最后却发现，打破恐惧只会让恐惧的事情提前到来。那么，面对沉默，我们究竟该怎么办呢？我们该同样以沉默对抗吗？我们该如何理解对方的沉默呢？

有时语言是那么苍白无力

三毛有一句话:"说出来的苦,不是真苦,都说出来了,还有什么好苦的呢?"可见,人真正的苦痛不是用语言所能表达的。不仅仅是苦痛,当人爱到深处的时候,语言也无法将人的情意表达万分之一。这个时候,我们就会陷入沉默中。

为什么人在这个时候会沉默,因为语言有时是那么苍白无力,无法淋漓尽致地表达人的情绪。不是不愿意表达,也不是不会表达,而是沉默的力量更胜于语言的力量。

语言是那么苍白无力,所以,我们就用沉默来诉说一切。

在爱一个人的时候,我不愿意说"我爱你",因为觉得那太幼稚太肤浅,我用行动来告诉你我有多爱你,我愿意为你付出一切,甚至生命!沉默的生命下是一颗滚烫的内心,这比有声的语言更能表现"我爱你"。

当我恨一个人的时候,我也不愿说"我恨你",因为我觉得那不足以体现我恨你,我不愿意和你多说一句话,我要用沉默来告诉你我对你的恨已经到了极点,沉默之后可能就是我疯狂的报复!

当我心中万分痛苦的时候，我已经没有力气再喊叫、哭闹，因为你早已司空见惯这些表达方式，所以，你根本不会在乎我的痛苦，那么，让我换一种方式——沉默，我不喊、不叫、不哭、不闹、不表达，我的沉默告诉你，我已经痛到了极点。

这就是沉默的力量！鲁迅说："不在沉默中爆发，就在沉默中灭亡！"这句话，就是对沉默的一种诠释。沉默的作用是巨大的——人不是在沉默中窒息而死，就是在沉默中一跃而起。这样的情形，我们见过太多：当你在意的人不愿意和你说一句话，那时候你的煎熬是最痛苦的；当你的上司认定你已经彻底没有培养价值时，他不会在对你进行批评，只是淡淡地说一句"你可以走了"……

语言是那么苍白无力，所以，我们用文字来表达情绪，文字比语言沉默；文字仍觉不够力量，所以，我们用画画、音乐等来表达情绪，画画、音乐似乎比文字更沉默一些；画画、音乐似乎仍然比较直接，干脆，我们什么都不说了，让我们沉默，似乎，只有沉默才能让你觉得我的感情是真诚的、厚重的，是最有力度的。

"你有心事儿？"我问她。

"哦，没有。"她回答。

"为什么否认，我能看出来，你心中有不开心的往事。"

"哦？你从哪儿看出来的？"她嘴角还带着一丝微笑。

"每次我们聊到一些话题时，你总是会突然沉默。你不是不善言谈，也不是不爱表达，但你为什么喜欢沉默？"

"我……我沉默是因为，有时候许多话说出来也没什么用，不如沉默。"

"有什么痛苦要说出来，说出来就会轻松很多。"

"如果痛苦那么容易向他人倾诉，就不是痛苦了。真正的痛不可说，不可触摸，只能沉默。"

"可是沉默会不会太压抑自己了？"我追问道。

"呵呵，你不懂。"她笑笑，又沉默了。

有时候，人就是这么莫名其妙，宁愿沉默，也不愿倾诉。因为心中的痛太沉重，不知该如何用言语诉说；也因为觉得没有人能够懂，所以不愿意诉说。

俗话说"说话是银，沉默是金"，很多人素来认为说出来的东西都太轻飘，甚至认为批评人的时候也应该用沉默，这种方式更严厉。所以，在我们生活中的很多人认为言语是喧哗的，而沉默是安静而又深沉的。

生活中一定有很多这样的时刻：我们渴望他表白的时候，他却突然莫名其妙地沉默了，因为，他觉得说出来的爱都不是真爱，真爱应该是内敛的，深沉的，甚至他认为成熟的人就应该这样——沉默才显得稳重。

也有这样的时刻：我们似乎有万语千言要向对方诉说，却在突然之间沉默了，因为不知该如何说起，此时只觉得"无声胜有声"。是的，有时，语言显得矫情，沉默才显得有分量。

但是，莫名其妙的沉默会让他人无法理解我们，别人会认为这是一种冷漠，或是一种拒绝，是不愿意交流和沟通，会因此产生许多误解。不是所有人都了解沉默的学问，不是所有人都懂你的沉默，你想用沉默传递的东西，别人无法感受，这个时候，沉默的副作用就显现出来了。

那么，当他人沉默的时候，我们该如何识别他的情绪呢？我们该如何判断他是真的沉默，还是在用沉默表达什么呢？我们自己又该如何用沉默表达自己的情感呢？

1.观察对方的行为，体会对方的沉默

当他人沉默的时候，我们该如何判断他人的沉默是一种冷漠，还是一种特殊的表达方式呢？那我们就看他的行动。当我们渴望对方表白的时候，对方突然沉默了，那我们就看他接下来做什么吧。如果他用行动来表达对自己的关心体贴，他的行动非常地热情，那我们应该理解他的沉默，他只是不屑于用语言表达爱。如果他在沉默之后没有任何行动了，那他的沉默就是一种拒绝，一种拒人于千里之外的表现。

也有的人在交流的过程中突然沉默了，那么我们应该理解，他心情可能比较沉重，比较痛苦，暂时不想诉说，沉默是他保护自己的一种方式。

看懂对方的沉默，需要我们用一颗敏感细腻的心，耐心地去体会对方的心情，才能正确理解对方的沉默。

2.沉默是金，但要用对时候

有时候，沉默确实比语言更有分量，但是，也不能随便沉默。不该沉默的时候沉默了，只会让对方误解；该沉默的时候你又滔滔不绝，也会让他人厌烦。当他人根本就搞不清楚我们因何沉默，觉得你这个人动不动就不说话真让人莫名其妙时，你就不应该再沉默了，而应该给予对方适当的解释，让对方明白此时你觉得语言无法表达你的心情，合适的时候再沟通。总之，沉默是金，但要用对时候。

为什么有时候我会莫名其妙地沉默？因为语言是这么苍白无力，它不能将我的情绪表达千万分之一，所以，我沉默，你去体会。

沉默是一种有效的武器

相比语言，沉默是有力量的，它能表达更为深沉的、厚重的情感，我们不能简单地把它定义为一种负面情绪，有些时候，沉默是有着许多正能量的。

当你和某个人有了不同的意见，甚至上升到争论、争吵时，对方突然沉默了，他的沉默代表什么？不屑再和你争吵，还是服软或者服输？也许都不是，他的沉默代表着一种退让、一种包容，他不想因为争吵引起矛盾，伤了和气，也没必要非要和你一争高下，所以，他选择了退让，这时候的沉默代表着包容。

他用沉默包容了你震耳欲聋的嗓音，包容了你尖刻的语言，包容了你的观点，包容了你嚣张的态度，甚至包容了你对他的伤害，这个时候，你能体会他的沉默吗？别把他的沉默当作一种无能，以为他不敢和你争吵；也别把他的沉默当作一种不屑，以为他对你不在乎，连吵都不愿意和你吵。他的沉默正说明了他对你的在乎，你们俩之间的关系比你们俩争论的问题更重要，所以，他用沉默告诉你——息战。

所以，学会识别对方的情绪，别人的情绪不是莫名其妙的，是有原因的，代表着某种意思的。不过，更多的时候，沉默是一种负面的情绪，它是一种宣泄自己并同时向对方传递不满的一种负面情绪。当我们用沉默表达了对对方的包容时，沉默是一种保护双方的有效武器，但是以下这些时刻，沉默却是一种向对方表达强烈不满并同时攻击对方的一种武器，这种武器若使用起来相当可怕。

1.用沉默拒绝对方

如何用沉默这种情绪来拒绝对方，用故事更能说明问题：

"你生气了吗？"他问道。

"没有。"我懒洋洋地答道。

"那怎么不说话？"

"哦，心情不好的时候最好还是不说话，免得说出来的话都是错话。"

"瞧，都心情不好了，还说没生气。"

我沉默了，我真的懒得再和他说话了，反正他也听不明白。

"你说我们俩合适吗？还能继续吗？"

我依旧沉默。合适不合适难道你还不明白，还需要我直接拒绝你吗？我可不想弄得这么难堪。

"我知道你的沉默代表啥意思，我懂，我不讨你嫌了。"

唉，他终于明白我的意思了。

这时候的沉默显而易见，代表着拒绝，当我们拒绝和对方交流，甚至拒绝和对方交朋友的时候，我们就会用沉默来告诉对方，我不想和你说话，我不想和你沟通，甚至我不喜欢你，你也别再纠缠了，放手吧。这时候的沉默代表着冷淡、冷漠，会有一种拒人于千里之外的感觉。这时候的沉默对他人有一种强大的杀伤力，会对他人造成一种强烈的伤害。

2.用沉默表达不满

当我们对某个人有了强烈的不满,但又不知道该如何表达这种不满时,我们就会用沉默来表达抗议。

"你怎么不说话?"

"你还要我说什么,这件事你已经做了,我说什么还有用吗?"我不知该如何形容我的心情,做什么事都不征求我的意见,这已经不是第一次了,我感觉我就是个外人。

"你要不高兴你可以骂我。"

"我没有不高兴。"我连骂他的兴趣都没有了。

"谁说没有不高兴,你的不高兴都写在脸上呢。"

既然知道我不高兴,还问。我不想再说话了,走到一边,不再理他。

一连几天,我都陷入沉默中。他和我说话,不理他;他讨好似的关心我,我也不理他。我像变成了一个哑巴一样,一句话都不说,脸上没有笑容,也没有表情。

终于他受不了了:"你对我到底有什么意见?你可以说出来啊。你骂我一顿、打我一顿都行啊,你别老是不说话啊,你快把我憋死了。"

"我对你有什么意见你知道,我现在就是不想说话,怎么,你有意见啊?"说完我又闭上了嘴。

"你……"

这时候的沉默代表抗议,告诉对方:我对你的所言所行感到非常不满意,现在,我很生气,后果很严重。我很生气,气得不想和你说话,不想理你,我的生气都写在脸上呢,你自己看吧,这就是你不尊重我或者对我不好的代价!

这时候的沉默其实是对对方的一种惩罚，会让对方心里很不舒服，谁也不愿意看别人的一张冷脸，可我就摆一张冷脸、一张臭脸给你看。"谁让你让我难受呢，我现在也让你难受。"沉默就是我对你的惩罚。

3.沉默比嚎啕大哭更可怕

当一个人让我们感到难过时，我们会哭泣，甚至是嚎啕大哭，来告诉对方："你让我很难过。"但是，哀莫大于心死，当我们难过到极点时，我们会欲哭无泪，当某个人令自己失望到极点、痛苦到极点时，我们哭不出来了，陷入了沉默中。

"你哭出来吧，我知道我让你难过，让你失望，你哭出来会舒服一点。"

但我哭不出来，以前我会为你哭，但现在，我的眼泪已经哭干了，我知道哭泣解决不了任何问题，你不会因为我的哭泣有任何改变，所以我不哭了。

一连几天我不哭，也不说话，也没有和他闹，这不是我以前的表现，所以，他忍不住了。

"你知不知道你这样不哭不闹又不说话很可怕，我是伤害了你，我以后再也不会了，你相信我，你别这么不理我。"他哀求道。

相信你，我还能相信你什么，相信你的结果就是这样？心已经死了，再也不会相信你了，再也不想为你掉眼泪了。

这时候的沉默是一种无声的谴责，告诉你：你令我太失望了，你严重地伤害了我，我不会原谅你的，我不和你说话，不和你交流，不为你掉眼泪，我用沉默来折磨自己，同时也在折磨你，这就是我对你的报复！

沉默就是这样一种可怕的情绪，它在保护自己的同时，也在伤害对方，更多的时候它是攻击他人的一种武器，说白了沉默就是一种冷暴力，用沉默传递一种冷淡、冷漠、不满、拒绝、控诉、抗议、谴责等情绪，拒绝交流和沟通，用这种方式排斥对方，让对方痛苦，以达到发泄自己情绪的目的。

这就是沉默这种武器，如果我们不了解对方的沉默代表什么意思，我们就会不安、惶恐、抓狂："他到底是什么意思？他为什么不说话、不沟通、不跟我吵？就这样不理人，一直沉默，让人真难受，让人不知道该怎么办。"

所以，让我们了解沉默，了解不同的情况下沉默代表的含义，才知道该如何应对对方的沉默。既然对方想沉默，那么就代表着这个时候他不想交流，那么我们就给他时间，不管是他在疗伤也罢，在调整心情也罢，他都需要时间，这个时候你若去挑战他的沉默，只会让事情更糟。如果对方的沉默代表拒绝，那么你就识趣一点，如果强求和他交流，他只会拒绝得更快。学会识别对方的沉默，才能不因对方的沉默而把自己的情绪搞得更坏。

同时，我们自己也要善用沉默，不要轻易用沉默来对待他人，因为这是一种冷暴力，这是一种慢性伤害，如果我们心中有情绪，让我们用更妥当的方式来表达。不管在任何时候，不管自己内心有多么大的情绪，最终还是需要用交流去解决问题，而不是沉默对之。

我们不是不可以沉默，但不可以动不动就沉默，那会让别人觉得你太莫名其妙了，真难沟通。沉默是一种有效的武器，我们可以用它来包容对方，保护自己，但不可随便用它来攻击他人。

沉默是离别的前奏

谈过恋爱、闹过分手的人都知道，在分手时，总有一方会保持沉默，这会让另一方很纳闷："为什么不说话呢？有什么问题说出来好了，吵一架好了，这样不说话是什么意思？"

是的，你弄不明白，两个人相爱时，甜蜜时会笑会闹，酸楚时会吵会叫，痛苦时会哭会咆哮，怎么现在什么都没有了，只剩沉默。

其实，恋人之间的沉默代表着两个意思，要么爱你至深，包容了你的一切；要么，就是已无话可说，只想离开。那么，在分手边缘的沉默，只能是后者，他，想离开。

只要还互相在乎，无论发生了什么事儿，无论在任何情况下，一定会有态度、有反应，而现在，他沉默了，那就代表着他不在乎了，他用沉默告诉你：累了，疲倦了，不想争吵了，不想解释了，让我离开吧。沉默，本身就是一种态度。

所以，恋人之间的沉默往往是离开的前奏，前奏过后，可能他会用继续的、长期的沉默告诉你：就这样吧，不了了之吧。也可能会在沉默过后给你一个答案：我们分手吧。

所以，恋人之间不怕争吵，不怕打架，不怕无理取闹，就怕沉默。只要有一方沉默了，就可能离分手不远了。

关颖躺在床上，目光呆滞，手里拿着手机，不知道该不该给男朋友发信息。她和男朋友吵架了，三天都没有联系了，三天虽然时间不长，但关颖却觉得很不正常，因为男朋友从来没有超过两天不联系她。

关颖觉得没发生什么事儿啊，虽然吵架了，但他们不是第一次吵架了，哪一次不是吵架过后就马上和好了，哪一次不是男朋友主动来求她和好，所以，她从来没把吵架当成一回事。可是，这次她却觉得有点不安，吵架过后，男朋友没打电话，没发信息，也没来找她，而是保持了沉默，这让她觉得有点不对劲儿。

所以关颖在想："我要不要打个电话给他呢？以前都是他主动给我打电话，主动给我道歉，这次，他是不是希望我能主动跟他联系呢？"

想到这里，她给男朋友发了个信息："在干吗呢？还生气呢？"

一分钟后，没回复；五分钟后，还是没回复；十分钟后，终于回复了："我在上网。"

"怎么不给我打电话呢？"关颖问道。

一分钟，两分钟，三分钟……五分钟后，回复了："害怕你还在生气。"

"你不给我打电话我才生气呢。"关颖说道。

又是好长时间没有回复，这在以前可是从来没有的事儿，哪一次他回复自己的信息不是超速的，终于，等来了他一个字："忙。"

"忙得连打个电话的时间都没有吗？"关颖有点愠怒。

这次，那边更是陷入了死一般的沉默，半个小时后终于发来一条信息："我在看电影，有空再和你联系。"

"电影比我还重要吗？"关颖有点忍不住了。

这次，那边彻底陷入了沉默中，再也没有回复……

关颖的心情也陷入了一个黑洞中……

一个星期后，男朋友发来一条短信："我觉得我们不太合适，总是吵架，我们分手吧。"

关颖看着这条信息，心仿佛被撕裂开来，眼泪顺着脸庞流到了嘴里……

对经历过分手的人来说，这个故事并不陌生，关颖的心情我们都体会过。恋人之间的沉默是一种可怕的预兆，当他不想说话，长时间地保持沉默的时候，那只代表着他不想再解释，不想再挽留，不想再挣扎，也不想再纠缠，他的沉默是在告诉你：我不想再继续了，但是我不想说分手，我用冷落让你明白我的意思。希望你也能很聪明，不要追问我为什么沉默。

在恋爱中，很多男人都是这样，他们很少主动说分手，一是不知该如何表达，二是怕伤害对方，三是不想做恶人，承担抛弃恋人的骂名，所以，很多男人都是以沉默这个策略来解决分手，因为他们知道女人大多没耐性，忍受不了男人长时间的沉默和长时间的冷落，肯定会找他们吵，找他们闹，然后，他们会趁机说："既然你是如此这般无理取闹、胡搅蛮缠，既然我怎么做你都不满意，不如我们分手吧。"

瞧，他们就是用沉默把女人逼到了这种份上，然后把分手的原因归结到女人身上。

还有一些时候，男人把"考虑考虑"当作沉默的借口，结果这一考虑就没有期限，让女人终于忍无可忍："既然你考虑这么长时间都没有答案，不如我们分手吧，省得你考虑得这么累。"男人一听这话心中暗喜："我要的就是这个结果。"

这是男人的伎俩，不过大多女人都会上这个当，因为大部分的女人都忍受不了男人的沉默，除非自己也想放弃了。

当然，恋爱中、分手时，不是只有男人才会沉默，女人在不想继续时也会沉默，但女人用沉默来表达分手的较少，因为女人天性和男人不同，女人需要倾诉，需要哭泣，需要发泄，她们通常会在淋漓尽致的吵闹之后，哭着大叫一声："我们分手吧！"

所以，沉默是离开的前奏，这在恋爱中可以说是一个不变的规律。

1.对方沉默，你也沉默

在恋爱时，当感情出现危机、走到了分手的边缘时，当面对对方的沉默时，我们应该怎么做才是最妥当的？很简单，就是对方沉默，你也沉默，什么都不要说，不要做，因为这个时候说多错多，做多错多。

当对方沉默时，可能他需要时间考虑，也可能他已想好了分手，但不知该如何开口，在这个时候如果你去质问他、谴责他，只会加快他离开的步伐。其实在这个时候你做什么都于事无补，不如你也沉默，给彼此一个冷静期，或许他还能在冷静中想起你的好，也许事情还有转机，但逼迫只会让对方更快地离开你。

2.做好分手的心理准备

既然知道了沉默是分手的前奏，那么，在面对恋人的沉默时，我们就应该做好了、做足了心理准备：他可能是要离开了，我们要分手了，虽然我很不愿意，但是我必须面对，等着他作决定吧。虽然做这样的心理准备会让你很痛苦，但只有这样，才能在分手真的来临的那一天，不至于伤心欲绝。

虽然沉默代表着很多情绪，有很多内容，但大多时候，沉默都代表着一种抗拒、一种拒绝、一种不友好，起码是一种不热情，所以，看到他人的沉默，我们不必觉得莫名其妙，心里应该有个谱。

没有任何一种情绪是莫名其妙的，那只是因为你不理解对方的情绪。那么现在，你必须了解，在恋爱中，沉默是离开的预兆，是离开的前奏。

第十一章

为什么有时候会莫名其妙地爱上 Ta

  为什么有时候会莫名其妙地爱上他？这个问题有答案吗？好像没有。有答案就不会说是莫名其妙了。但好像又有答案，因为每个人都能说出一大堆：爱他的帅气，爱他的才华，爱他的能干，爱他的性格……爱情不是没有原因，没有条件的。但是有时候，这些什么都没有，我们还是会爱上一个人，所以才说莫名其妙。是的，爱情有时候就是这么莫名其妙，因为投缘，因为似曾相识，因为他身上有一种难以言说的魅力……我们就这样莫名其妙地爱上他了，没有理由，没有原因……

爱情就是这么莫名其妙

如果说这世界上什么东西最说不清楚，那就是爱情。爱情太莫名其妙了，来的时候毫无征兆，走的时候没有理由；来的时候让人着魔，走的时候让人发疯；不爱的时候人人盼望，真的爱上了又很想逃离。这究竟是怎么回事儿？是人的问题还是爱情的问题？

这个问题至今没有答案。古今中外，有多少文艺作品描绘爱情，有多少大师专家研究爱情，有多少凡夫俗子诉说爱情，把爱情弄清楚了吗？没有！能给爱情下一个准确的令众人都认同的定义吗？不能！

爱情是这样的难以形容，难以捉摸，难以把握，复杂又微妙，总之一句话，爱情就是这么莫名其妙！

可是，我们每个人又逃脱不了爱情，就像歌里唱的那样："我和你，男和女，都逃不过爱情。"不管爱情带给我们的是甜蜜陷阱或是万丈深渊，我们都义无反顾地陷进去；不管带给我们爱情的这个人是帅还是丑，是穷还是富，是老还是少，我们都无从拒绝。

我们就是这么莫名其妙地爱上了他，我们为什么会爱上他啊？因为爱情就是这么莫名其妙啊。那我们在这里探讨爱情还有什么意义呢？反正也说不清楚。不，正因为爱情莫名其妙，说不清、道不明，我们才需要一而再、再而三地探讨爱情。

古往今来，有多少人为爱情困惑，有多少人为爱情所伤，有多少人被爱情成就，又有多少人被爱情毁灭！无论你是学识渊博或是目不识丁，无论你是爱了又爱或是情窦初开，无论你是历经沧桑或是不谙世事，在爱情面前你都一样不知所措，愚笨得像个小学生。是的，我们没上过爱情课，没做过爱情的习题，就算上过、做过，爱情的世界里永远都会有新的难题出现，我们每一次碰到的爱情习题都不一样。

爱情能带给你无与伦比的快乐，但是，更多的时候爱情带给我们的则是难以名状的痛苦，所谓痛并快乐着就是爱情的本质。有多少人的一生都被爱情所影响，有多少人的喜怒哀乐都被爱情牵着鼻子走，爱情让我们体会到了各种复杂的情绪，尤其是负面情绪，它影响了我们的工作、生活、心情，所以，面对爱情我们不能糊里糊涂像个白痴，不能对爱情一无所知，那样只会被爱情套牢，被爱情囚禁，只会陷在爱情的深渊里无法自拔。

余萌最近变得有些沉默，原本开朗活泼的她突然话少了，就算偶尔和朋友聊起天来也总是说："没劲儿。"朋友很纳闷，她可是一个热爱生活的女孩啊。

只有细心的闺蜜猜出了她的心思："你是不是喜欢上谁了？"

"没有啊。"余萌立刻否认了。喜欢上谁？她真的没有喜欢上谁。

"那你怎么变得这么闷闷不乐啊，你这个样子不是暗恋就是失恋！"闺蜜一副笃定的样子。

"什么暗恋、失恋的，你是爱情专家啊。"余萌没好气地说。

"我不是爱情专家,可我了解你啊。你说你是不是喜欢上他了?"闺蜜拉过她的手,在她的手心里写了一个名字。

余萌猛地把手从闺蜜的手里抽出来:"胡说什么呀,谁喜欢他了?见都没见过他几次。"

"别否认啊,虽然没见过他几次,但你每次和他说话的口气和眼神都不对,我早就看出来了。"

"是吗?我怎么不知道?这样就是喜欢他吗?"余萌一脸茫然。

"你不只是喜欢,很可能已经爱上他了。"

"爱上他?爱上他什么呀,我都不了解他。再说,我都不知道有没有爱上他,你就知道?"

"唉,这种事儿一向是当局者迷,旁观者清。"

"是吗?我只是觉得好久没见着他了,感觉心里空落落的,不是滋味儿。"

"那你打电话给他啊。"

"我不敢,打电话我也不知道该对他说什么。我就是很想看见他,哪怕见着他一句话都不说,也很满足。"

"看,还说没爱上他,都到这地步了,陷得很深了。你再不表白,小心得忧郁症!"

"有这么严重吗?你说爱情怎么这么莫名其妙呢,我都感觉我不是我了。"

"你说对了!爱情就是这么莫名其妙!你没听过那首歌吗?'莫名我就喜欢你,深深地爱上你,没有理由,没有原因'……"

对,爱情就是这么莫名其妙,我们就是会莫名其妙地爱上一个人,"没有理由,没有原因,从见到他的那一天起"。这不是歌词,这是每一个爱过的人的心理写照。

也许他长得很帅或很美，令你一见倾心；也许他气质不凡或谈吐优雅，令你一见钟情；也许他霸气十足或温文尔雅，令你瞬间着迷。但是，更多的时候，他不帅也不美，甚至有些丑陋；也可能他既没有什么气质也没有什么谈吐，说不定还有一副坏脾气，可是，你就是爱上了他，你爱他哪一点，你也不知道。反正就知道了自己可能是爱上了，想见他，想和他在一起，想和他一辈子在一起，我只能告诉你，这就是爱情。

爱情的莫名其妙，不仅仅表现在它就是这么莫名其妙地发生了，还表现在它莫名其妙的过程和莫名其妙的结束。在爱的过程中，什么样的情况都会出现，喜怒哀乐、五味杂陈就不用说了，越是爱得深，越是互相伤害，爱也轰轰烈烈的，结束也轰轰烈烈。有的人因不了解而在一起，因了解而分手；也有的人因不了解开始，因了解而在一起；还有的人开始就是一对冤家，后来皆大欢喜；更多的则是糊里糊涂开始，结果不了了之；更有无数的爱情成也细节，败也细节。总之，有关爱情的一切三天三夜也说不完，说不清楚，因为爱情就是这么莫名其妙。

说不清楚还要说，还要不停地说，爱情把人也变得这么莫名其妙。为了说清楚莫名其妙的爱情，产生了多少条爱情理论和多少个所谓的"爱情专家"，有用吗？人们面对爱情依然是一筹莫展，束手无策，百思不得其解，痛苦郁闷不堪，既然这样，就让我们再来充当一次伪爱情专家吧。

1.一半清醒，一半糊涂

既然爱情是这么的莫名其妙，说不清、道不明，那么我们也不可能将爱情真真正正地看清楚，那么你说："随便吧，我也不想知道什么是爱情了，我也不想知道自己应该爱谁了，就这么糊里糊涂地爱吧。"

糊里糊涂地爱，没错，这的确是某些人对爱的论调，不管这个人是谁，怎么样，究竟合不合适，也不深究，反正遇到了，就爱吧。也有的明知道是错的，也要爱，还美其名曰："宁愿错，也不愿错过。"这后一种，你说他糊涂吧，他却说"我很清醒"，是的，他很清醒，他清醒地知道这份爱是没有结果的，但同时他又很糊涂，没有结果也要爱，这是图什么呢？真是莫名其妙！

这些人糊涂，有些人面对爱情可清醒着呢。不把这个人调查个底朝天，他是不会轻易爱的。在相爱的过程中，他的眼睛睁得大大的，分析对方，提防对方，拿着放大镜照对方的缺点，每一个相处的细节都被他无限放大细细品味，真是够清醒的！

这样就能让莫名其妙的爱情有个良好的结局吗？未必！"水至清则无鱼"，有些事情你看想越清楚就越纠结，越纠结你就越弄不明白，越弄不明白你就越觉得莫名其妙。

既然糊涂和清醒的结果都是莫名其妙，不如我们将两者合而为一吧。面对爱情不能绝对清醒也不能绝对糊涂，还是一半清醒一半糊涂吧。对大事清醒，对小事糊涂；对原则问题清醒，对非原则问题不计较；对人品清醒，对无关紧要的缺点忽略……唯有这样一半清醒一半糊涂，你才能将这场莫名其妙的爱情较为顺利地经营下去。

2.相信爱情，又不迷信爱情

爱情既然是这么莫名其妙，我们还要不要相信爱情？还应不应该追求爱情？我们就用事实来回答这个问题。有多少人被爱伤了又伤，还义无反顾地在爱；有多少人把爱当作他们此生追求的唯一目标，哪怕付出生命也在所不惜。他们在爱情的战场上前赴后继，他们都是爱情的忠实追随者。

他们相信爱情吗？当然！他们何止是相信爱情，他们简直是迷信爱情！他们把爱情捧上了神坛，爱情就是他们的信仰。有爱情，他们就在天堂；没有爱情，他们就掉入了地狱。莫名其妙的爱情把他们弄成这样，这就是他们迷信爱情的结果。

因此，不要迷信爱情了，爱情可遇不可求，徐志摩说："得之，我幸；不得，我命！"不要迷信爱情，更不要拿爱情和命运较劲，也许你用尽全身力气，换来的只是回忆。但不是不让你相信爱情，不相信爱情的人一生难以与爱情相遇。相信这世界上一定有爱情，但也应该明白爱情不是你的全部，不是你的唯一，不值得你为之倾其所有，应该抱着淡然的心情去等待爱情、经营爱情、理解爱情，也许这样才更容易把握好这莫名其妙的爱情。

没有什么原因，就是投缘

你有过这样的人生经验吗？与某个人刚刚认识，便有说不完的话。无论是任何时候，无需酝酿、客套，即可开始聊天。重要的是，只要话匣子打开，便关不上。双方谁也不想结束这场谈话，非常享受这样的沟通和交流，也非常喜欢和对方在一起做任何事。这就是所谓的投缘。

什么叫作投缘？就是指双方有共同喜好的话题，而且对很多事情的想法都十分接近，彼此也很喜欢对方的个性。这样的投缘可以发生在同性之间，也可以发生在异性之间，发生在同性之间很容易成为知己，发生在异性之间，那就很容易产生爱情。

虽然我们总是说爱情是这么地莫名其妙，没有理由，没有原因，其实，爱情的产生不可能没有一点原因的，只是有时候一句两句说不清楚，我们又懒得去分析，所以才说没有理由，没有原因，其实，投缘就是原因之一。

从投缘包含的内容来看，投缘是建立在相似的价值观和人生观之上，有许多共同语言，并能够互相欣赏，这些都是爱情产生的基础。

投缘的人太难遇到了，茫茫众生中，我们有不同的生活背景，有不同的人生经历，有不同的个性脾气，但竟然可以有这么多共同的思想火花及默契，这是一件多么奇妙的事情啊。我们无法解释这种奇妙的事情是如何发生的，只能把它归结为莫名其妙，"我就是这么莫名其妙地爱上了他"。

这种爱情一旦发生，就会对彼此产生莫大的吸引力，让人难以割舍，并欲罢不能。不过，这种爱情没必要割舍，不爱上一辈子就不要罢休，因为，爱情可遇不可求，而你，遇到了，得到了，这是你的幸运。

每天晚上的这个时候，耿毅都会在网上等一个人，自从那次在朋友聚会上认识她、简短聊天之后，他就像中了魔咒一样，每时每刻都想和她聊天，而每次和她聊天都是那么的愉快，这种无障碍的交流和沟通是他从未遇到过的，无论谁说什么话题，对方总能将这个话题无限延伸开去，从来不会觉得没话说、冷场，他们总能在任何话题中都能产生相同的想法，这种默契让他自己都忍不住赞叹："太奇妙了！"

他告诉她："我从未遇到过这么投缘的人，我想我是爱上你了。"

而她却说："别这么快说爱，你还没有发现我们身上不同的地方。"

他说："我们身上一定有不同的地方，但是，这一点都不足畏惧，因为我们的默契太强大了，足可以包容我们身上不同的地方。所谓投缘并不是说彼此的观念百分之百相似，而是能够欣赏彼此身上的特质，能够从对方不一样的观念中纠正或者更新自己的观念，共同成长，并让自己变得越来越好，这才是相爱的人给予对方的真正有价值的东西。"

耿毅的话让她非常兴奋："你说得太对了，你是个懂爱的人，我一直在等待一个真正懂爱的人，不知道我现在等到了吗？"

"你说呢？"耿毅发了一个微笑的表情。

网络那头发过来一个同样的表情，让耿毅的心里也和这个表情一样地甜蜜。

一如耿毅的心情一样，投缘能带给人一种难以言说的幸福感，被对方欣赏、理解和认同，让人心里是那么舒服，即便对方偶尔指出自己的缺点，自己也能心悦诚服地接受。和这样的人相处是一个非常愉悦的过程，这样的一个异性会让自己不由自主地爱上，并莫名其妙地深陷其中，不能自拔。

莫名其妙的爱情就是这么来的，有时并不见得爱情是这么莫名其妙，而是爱情过于微妙，让我们不愿意过多地分析它的莫名其妙，而只愿意去享受爱情的美妙。

投缘之人的爱情令人羡慕，一如李清照与赵明诚、司马相如与卓文君、林徽因与梁思成、鲁迅与许广平，他们是令世人羡慕的佳偶，他们的情感质量显然要比常人高许多。

这世界上大部分的人都没有这样的幸运，虽然大家天天都在念叨爱情，寻找爱情，可真正见过爱情真面目的人并不多，失望的次数多了，大家会觉得爱情就像狼来了的游戏，再也不相信了。

的确，人一辈子碰到这么投缘的人的几率像中彩票一样小，这样高度契合的思想和心灵无需磨合、无需适应，从认识的那一天就有，这是多么难得的缘分，所以，碰到了谁都不愿意撒手。

1. 莫让投缘的人溜走

投缘的人既然这么难以碰到，我们岂能让他从生命中溜走。那么，怎样才能把这样一个人留住？首先，你得有灵敏的感觉，对方来了，你要能感觉到。我想真正投缘的两个人一定会有这种灵敏的感觉，不然就不叫投缘了。

如果彼此有情有义，又无客观条件的阻碍，一定会有个幸福的结局。但是，有时命运会考验你们，因为种种原因，让你们相爱却不能轻易相守，例如司马相如和卓文君、林徽因与梁思成，他们是经历了种种磨难和考验才最终走到了一起。所以，投缘的人一定要为彼此的幸福做出最大的努力，因为，你一松手就会成千古恨，可能此生再也无法碰到这么一个人了。

2. 你要做的就是好好享受爱情

既然拥有了最投缘的人，那么，你要做的就是好好享受这份感情，这种缘分是他人修也修不来的。两个投缘的人的爱情相对来说要轻松得多、惬意得多、好经营得多，因为你们彼此之间都懂对方，所以知道怎样爱对方，什么才是对方所需要的爱。你们之间的冲突、摩擦、纠结要少很多，甚至没有，可以说你们是相爱而又适合的一对。

那么，就好好享受你们的爱情吧，上天既然赐予了你这样的一个人，就好好珍惜命运赐予你们的礼物，这是投缘的人才有的福气。

为什么会莫名其妙地爱上他？其实我们根本就不必过于深究这个莫名其妙的问题，只需要知道爱已经发生了，你已经拥有了这么投缘的一个人，幸福地爱下去吧。

那一种感觉似曾相识

《红楼梦》是我们熟知的文学作品,在这部作品里,描写贾宝玉第一次见到林黛玉时,贾宝玉说了这么一句话:"这个妹妹好像在哪里见过?""好像在哪里见过",或许正是因为这样,贾宝玉和林黛玉开始了一段缠绵悱恻的恋情。

在小说里,作者给贾宝玉和林黛玉各自塑造了一个前世——神瑛侍者和绛珠仙草,所以,贾宝玉和林黛玉有一段前世之情——木石之盟。所以,当他们在尘世遇到的时候,会觉得"似曾相识"。

贾宝玉为什么会喜欢林黛玉,恐怕他自己都觉得莫名其妙,说不清楚,林黛玉脾气古怪、心眼小、爱使性子、动不动就流泪,是个难相处的主,可他偏偏喜欢这个有着小脾气的林黛玉,而不喜欢大方得体的大家闺秀薛宝钗。

这当然不是作者的刻意塑造,而是告诉了我们一个平常的爱情道理:在爱情的世界里,没有道理可言,我们有时候就是会莫名其妙地爱上一个人,没有什么原因,只因为这个人带给了我们一种似曾相识的感觉。

似曾相识,这究竟是一种什么感觉?初次相识,不觉得陌生,没有距离,有一种吸引力,让自己不由自主地想接近,不由自主地喜欢他、爱上他。没有经过过多的攀谈，没有经过什么了解，只觉得好像从前就认识，甚至已认识好多年了，现在又再次相逢，内心的那种欣喜难以形容，于是，爱情就这么莫名其妙地产生了。

爱情的产生确实很莫名其妙，有时产生于互相的了解，有时则根本不需要了解，因为似曾相识，好像曾经认识过，了解过，现在，只需要爱上彼此就够了。

我们在哪里见过吗？想不起来了，只觉得有一种似曾相识的感觉。你的样子好像在哪里见过，是梦里还是生活中？好像是一个儿时的伙伴，我们曾一起奔跑嬉闹。你的五官是那么熟悉，你的一颦一笑都这么动人。

我忍不住总想看到你，接近你，和你说上一句话，哪怕不说话，只要和你待在一块儿感觉就很好。这是我以前从未有过的感觉。以前，我从未像这样这么渴望接近一个异性。我是爱上你了吗？我想是的。我怎么会爱上你了呢？这实在是太莫名其妙了。

我一直认为爱情应该建立在互相了解的基础上，了解彼此的优点和缺点，在冷静理智的判断下再决定是否要爱。可现在，事实摧毁了我的爱情理论。第一次见到你，就感觉你是如此的亲切，像熟识的朋友，想说什么就说什么，无拘无束。

人的感觉就是这么怪，我就是这样莫名其妙地爱上你了，只因为这种感觉似曾相识。

人与人之间的缘分很难解释，连自己都觉得莫名其妙，自己怎么就爱上他了，有人比他更好，可自己却想和他在一起，这时候，无数条爱情理论都无法解释这种微妙的感觉。

人与人之间的信任和依赖并不是那么容易建立的，尤其是男女之间，可是，就有那么一个人，让你瞬间就对他产生了信任和依赖，在他面前，你没有防备，没有排斥，无需表演，只需做最真实的自己。

在他面前，你是如此的放松和自然，并对他有一种无来由的安全感。你对他的感觉没有经过理智的判断，也不是冲动的选择，只是跟着感觉走，但是，你清醒地知道，这种感觉没错，忠于自己，跟着你的心走，你知道，对了，就是他，因为，你已经寻觅这种感觉太久了，选择他是出于一种本能。

这种感觉似曾相识，但是，这种感觉从何而来，我们怎么会对这个人产生莫名其妙的爱的感觉呢？

1.像自己生命里出现过的某个人

似曾相识，那么究竟是在哪里见过呢？也许，他像你的某个亲人、某个朋友，或者你曾经的恋人，也或者他像你曾经看过的某个电影里的人物，总之，是你比较亲的人或生命里比较重要的人。

例如你看到某个男孩，他很像你的哥哥，而你从小就对哥哥有一种强烈的信任感和依赖感，所以很容易把对哥哥的这种感觉移植到他身上。也可能他长得并不像，而他的言行举止让你觉得很像你生命里的某个人，也很有可能对他产生似曾相识的好感。

而这种似曾相识的好感发生在一个异性身上，就极有可能产生爱情。

2.你们身上一定有共同的东西

人更容易爱上一个和自己完全不相像的一个人，还是更容易爱上一个和自己相像的一个人，这很难回答，都有可能。但是，如果这个人能够带给你似曾相识的感觉，那这个人身上一定有和你相像的地方，起码，相似的地方要大于不同的地方。

例如贾宝玉和林黛玉，贾宝玉为什么觉得林黛玉似曾相识，是因为林黛玉身上的某种气质吸引了他，而气质是一个人文化、素质、思想和内涵的外在反映。事实证明，贾宝玉和林黛玉的性格虽然有不同之处，但他们有着共同的价值观、人生观和爱情观，讨厌世俗、排斥功名，向往灵魂的自由，所以，他们身上有许多共同的东西，他们只有在彼此那里才更有价值，这是他们觉得彼此似曾相识并莫名其妙爱上彼此的原因。

因此，"似曾相识"四个字看似感性，实际上有理性的基因。因"似曾相识"爱上一个人，看似盲目，其实很靠谱。那么，凭着这份"似曾相识"去爱上一个人吧，但是这种似曾相识的感觉需要得到验证，要去证明，这种感觉是准确的，不是错觉！

他身上有一种难以言说的魅力

在爱情的世界里，有这么一句话："男人不坏，女人不爱。"这让许多人都弄不明白，女人为什么喜欢"坏"的男人？其实，此"坏"非彼"坏"。这里的"坏"指的是一点幽默、一点浪漫、一点贫嘴，会开一些无伤大雅的玩笑，这里的"坏"并非指人格品行不端，更非十恶不赦，而是一种情趣。

所以说，女人喜欢"坏"男人，是喜欢上他身上那种独特的魅力。不仅女人对男人是如此，男人对女人同样如此。或许对女人不能用"坏"男人的标准来要求，但没有特点、没有魅力的女人也无法让男人爱上。所以，我们会莫名其妙地爱上一个人，一定是因为他身上有着某种魅力。

　　魅力到底是什么呢？就是自然流露出来的令人喜欢的感觉，一种能吸引人的力量。一个人的魅力体现在很多方面：笑容、声音、眼神、身材、性格、人格、才华、能力等等，人的魅力可以无处不在，无所不包，发怒、忧伤、哭泣等负面情绪也会成为一个人魅力的表现。

　　魅力一旦产生就有一种神奇的力量，连他的缺点、他的错误都成了他魅力的一部分。一旦我们被某个人的魅力所吸引，就会不由自主地为对方付出感情、时间、精力、物质，只要自己有的都愿意奉献给对方，可见魅力的魔力之大。

　　我们之所以会莫名其妙地爱上一个人，正是因为他身上有一种难以言说的魅力！

　　沈晓航向董云表白："我爱上你了。"

　　"你爱我什么啊？"董云一脸不相信。

　　"我也说不清楚，你身上有一种说不清楚的东西，特别吸引我。"

　　"吸引你？好多人都说我清高、孤傲、脾气不好，不温柔，你不觉得吗？"

　　"你是有点清高，但并不孤傲，你的清高反而让我特别想靠近你；你确实不是那么温柔，但远远没到脾气不好的地步。温柔的淑女、乖乖女太多了，但有多少是假淑女、装淑女？你真实、自然，在我看来远远比那些淑女可爱。"

　　"在你眼里我这么有魅力啊。"被他人欣赏，董云心里也很高兴。

　　"当然，不知道别人怎么看，但在我眼里，你有一种难以言说的魅力。至于温柔，我相信你一定有温柔的一面，正在等待向合适的人绽放，我希望那个人是我。"

沈晓航的话让董云非常感动,他没有用那些肤浅的夸奖来博得她的好感,而是真正看到了她身上与众不同的地方,她觉得这才是真正爱上了她。

所谓魅力就是一个人身上的一种特色、特质,这种特质是你身上所独有的,别人学也学不来,哪怕这种特质是一种小缺点。魅力把你和他人区别开来,对别人形成一种吸引力和诱惑力。就像董云对沈晓航的吸引力,正来自她身上那种独一无二的魅力。

什么样的人才会有魅力?为什么那些好男人身上反而没有魅力?因为好男人比较循规蹈矩、按部就班、一本正经,不优秀也不是很差,总之用一个词来形容就可以——平庸。平庸得没有任何特点,因此他们身上没有明显的魅力。

所以,一个平庸的人很难对人产生吸引力。我们也很难把别人的魅力完全移植到自己身上,就像东施效颦一样,效果反而大相径庭。

那么,如何判断一个人是否有魅力呢?依赖直觉往往比深入考察之后的结果更准确。所以,永远会有人相信"一见钟情"、"一见如故"。

既然魅力是一个人身上所独有的,它就不会对所有人都产生吸引力。例如一个人的魅力对甲而言不可抗拒,对乙可能就平淡无奇,甚至不屑一顾。所以,我们才莫名其妙地爱上了这个人,而没爱上那个人;所以,这个人对自己爱得死去活来,而那个人对自己却没有一点感觉。

可见,在爱情中,魅力并不具有普遍的杀伤力,这也说明我们一辈子不可能爱上几个人,也不可能被太多人爱上,真爱并不是那么容易发生的。

但是,独具个人魅力的人总是比那些没有任何个人魅力的人更具吸引力,更容易让人爱上,这也是不争的事实。所以,当我们感觉到自己或者身边的人爱上了某个人时,不要觉得莫名其妙,应该想到是这个人身上的个人魅力发生了作用。

一个人的容貌会发生变化，外在条件也会渐渐对我们失去吸引力，只有一个人的魅力会永远存在，随着岁月的更替反而更加迷人，让人永远沉醉其中。

一个人的个人魅力就是具有这样莫名其妙的作用，使你开颜、消怒，具有悦人的神秘品质，它像根金丝巧妙地编织在性格里，闪闪发光，经久不灭。

你只是爱上了你的"另一半"

我们常常用"另一半"来称呼自己的伴侣，这个称呼从何而来？此说法起源于柏拉图的《盛宴》：在远古神话世界里，一个人是今天的男女两个人组成的。谁知，神用利刀将所有人一劈两半，结果，世界上只有男和女，并只剩下原来的一半，每个人都失去了自己的另一半，为了寻找本应有的另一半，人们开始左顾右盼，惶惶不可终日。

这或许就是"另一半"这个称呼的由来。我们先不论这个说法科学与否，我们不得不说用"另一半"称呼自己的伴侣确实是非常地亲切和合适。

我们会觉得与某个人投缘，对方身上有一种吸引自己的特殊魅力，一见到他就感觉非常亲切和熟悉，就好像多年前丢失的一个朋友、一个亲人，甚至是另一个自己一样，现在失而复得，舍不得他离去。

这样的一个人让你刚刚认识就没有什么陌生感，他和你有着空前的默契，他懂你就像你懂你自己，甚至你们彼此比对方更懂彼此，好像他原本就是你身体的另一半，他能从对面看你，因此看得更全面、更仔细。

他身上有很多和你相同的地方，就好像他曾经是你身体的一部分，和你有着一样的呼吸；他身上也有很多和你不同的地方，就好像你身上缺乏的、一直很渴望拥有的那一部分，而他具备了。你欣喜他竟然有这么多和你相似的地方，就好像他就是另一个自己；也欣赏他身上有这么多你没有的优点，刚好弥补你的不足。若把你们二人合而为一，那就是一个完美的人！

所以，你爱上他就顺理成章了，你没有爱上别人，你爱上的是你的另一半或者说是另一个自己。为什么有时候我们会觉得自己或者身边的人莫名其地爱上了一个人，并且爱得这么迅速、这么深刻、这么欲罢不能，因为你只是爱上了你的"另一半"。

这太奇妙了，这究竟是谁的恩赐，我们弄不清楚，我们只知道，我们终于找到了自己的"另一半"，再也不能让他再走失了。

何方最近非常兴奋，他在自己的日记里写到："我想我是找到了我的'另一半'。"

"另一半"？是的，人人都称呼自己的伴侣为另一半，可是有几个人真正懂得这个称呼的意思和意义。何方明白，他一直都很清楚，自己要找的就是这样的"另一半"：彼此身上有很多相同点，可以互相理解；又有着许多不同的地方，但能够互相欣赏和互相弥补。这样的一个人一定是最适合自己的另一半，和她在一起，他们一定是最完美的组合。

而现在，他遇到了她，彼此身上那种强大的气场让他们不由自主走向对方,就好像两个齿轮一样,每一个锯齿都那么地契合。

他对她说:"我们就是彼此的另一半,很多年前我们不小心把彼此遗失了,这些年,我们寻寻觅觅、左顾右盼,在等待中惶惶不可终日,今天,我们终于找到了彼此,我们要抓紧对方,再也不要把彼此弄丢了。"

她也说:"是,我们要熟悉彼此的呼吸,彼此的味道,把彼此刻在对方的心房里,只要你离开一会儿,我就能循着这味道找到你。"

何方开心得喜不自胜:"何方,何方,我一直在问我的另一半'你在何方',原来你就在这里。"

"原来你也在这里?!"当我们终于找到自己的另一半时,我们会发出这样的惊叹,这句话是在告诉对方:我已经寻觅你好多年了,原来你在这里?我找你找得好苦啊!

是啊,找到自己的另一半不容易,也不知道当初把他遗失在什么地方,他长成了什么模样,自己在找对方,对方也在找自己,兜兜转转,寒来暑往,找得自己快要无望了,突然发现,原来你在这里!这怎能不令人狂喜呢?

但是,还有更多的人,依然在找对方,可找来找去怎么也找不着,快要绝望了,他们发出这样痛苦的呼喊:"那一个人,是不是只存在梦境里为什么我用尽全身力气,却换来半生回忆?"

是的,很多时候,我们以为自己找到了自己的另一半,狂喜之后却发现,他不是,是自己看错了,他只是和自己的另一半长得有点相像而已,于是,我们带着失望的心情放他走了。我们接着再找,又找错了,他依然不是。我们用尽全身力气,花了很多时间和精力,只是把一个个生命里的过客变成了回忆。

很多人不再相信能找到自己的另一半了,他们停留在原地,怀着渴望的心情,等待着另一半能找到自己。但也有一些人不想等待了,他们随便找了一个人，和自己勉强组合在一起，一起度过余生。

很多人不愿爱了，很多人不想爱了，因为他们找不到自己的另一半了，他们放弃了。所以，我们要理解那些为爱发疯的人，因为他们找到了他们的另一半，狂喜的心情难以自持；也不要不理解那些孤独单身的人，因为他们只是还没有找到自己的另一半而已；而那些匆匆和他人的另一半结伴同行的人，终有一天会发现，这是个错误的决定。到那时，他会和这个人说再见，继续踏上寻找自己的另一半的征途。

"若不是你渴望眼睛，若不是我救赎心情，在千山万水人海相遇，喔，原来你也在这里。"在漫漫征途中，我们的另一半睁大了眼睛，生怕把我们错过了，而我们怀着救赎自我的心情，在千山万水间不停地寻找，不停地叩问，只是希望终有那么一天，我们可以对旅途中的某一个人说："哦，原来，你也在这里。"

第十二章

为什么有时候会莫名其妙地想独处

别问我为什么,我就想一个人待着,有时候人的情绪就是这么莫名其妙。我就想一个人独处,因为这样我舒服,我自在,我喜欢;因为我心里好乱、好烦,需要一个人静一静、想一想;因为这个世界太吵了、太闹了,我每天都处于纷繁嘈杂的环境,我需要独处一会儿换换环境……这就是我想独处的理由。一个人待着,这种感觉真好。

没什么，我就喜欢一个人待着

有这么一些人，他喜欢一个人的旅行，你会觉得一个人旅行有什么意思啊，没有人拍照，没有人聊天，迷路了怎么办？遇到危险了没人帮忙怎么办？他当然知道这些，可是，他就是喜欢一个人旅行。他说："一个人旅行多自在啊，没有人在你耳边叽叽喳喳，没有人对你指手画脚，你想去哪儿就去哪儿，想看什么就看什么，想走就走，想停就停……这才是真的旅行。"

也有这么一些人，他们喜欢一个人看电影，坐在电影院里，一个人捧着一大筒爆米花，或眼泪汪汪，或眉头深锁，或呵呵傻笑，或平静淡然，一个人看完一部电影，好满足。旁人不能理解："一个人看电影，有什么意思，没人讨论，没人分享。"他们微微一笑："一个人看电影，不用迁就别人的口味儿，永远都能看自己喜欢的，很享受。"

这些人还有可能喜欢一个人唱，这更让人无法理解了："唱 KTV 就要人多才有意思、才热闹啊，才有人给你鼓掌啊，一个人唱，多没意思啊。"可他们却觉得，一个人唱感觉才好，没有人和你抢话筒，也没有人介意你是麦霸，不用担心自己唱得太好抢了别人风头，也不用担心唱得不好被别人取笑，一个人想怎么唱就怎么唱，站到桌子上唱也罢，痛哭流涕地唱也罢，总之，不用担心别人怎么看我，随心所欲，真好！

他们不但喜欢一个人旅行、一个人看电影、一个人唱K，还喜欢一个人逛街、一个人散步、一个人吃饭……那么，看书、上网、听音乐、睡觉等等更是一个人了，总之，他们做什么事儿都喜欢一个人。如果你问他，为什么你总是喜欢一个人呢？他们会说："没什么，我就喜欢一个人待着，一个人的感觉真好。"

杨晓涵很多时候都是一个人，别人说她是不是因为单身，所以就喜欢上了独处。她说这只是原因之一，或许是没有人陪，或许是因为她的性格不是那么地外向，朋友也不是特别多，所以，她就总是一个人。

独处并不是她刻意地选择，有好多人是因为找不到人陪，所以好多事儿就不去做了。例如旅行、看电影、唱K、逛街等等，因为找不着伴，所以他们就索性不去做这些事情。而她即便是一个人，只要想到了，她就会去做。而且，在做这些事情的过程中，她也不会因为是一个人就觉得孤单寂寞。

开始是无意间选择了一个人待着，后来她发现一个人有一个人的乐趣，那种自由自在、无拘无束的感觉真好。所以现在除了打球，很多事情她都能一个人去做。不出去的时候，她就一个人宅在家里。她很享受独处的时光，当然，她也不拒绝陪伴，有人陪的日子和没人陪的日子她都很享受。

但是，一旦人太多，她就有点受不了了，她害怕太吵的环境，也许是性格使然，更多的时候，她还是喜欢一个人待着。

杨晓涵喜欢独处，也许在他人看来，这人有点莫名其妙，谁不喜欢被朋友围绕，有人陪着不孤单寂寞，可是，她偏偏喜欢独处，她不会是有什么孤独症、自闭症吧。其实，杨晓涵什么病都没有，她只是天性使然，不怕孤单寂寞，很喜欢享受一个人的时光。

人的性格不同，有人天生喜欢热闹，最怕孤单寂寞；有人天生喜欢安静，就喜欢一个人待着。喜欢热闹的人无法理解喜欢独处的人，以为他一定孤单寂寞。其实，人家觉得一个人待着的时候非常地自在、充实、快乐。

你觉得旅游、看电影、唱K、逛街这些事情必须一大堆人一起做才有意思，可人家却觉得一个人也很有意思。你觉得他总是喜欢独处真是莫名其妙，可人家觉得你做什么都是吆五喝六才更无聊。所以，每个人都有自己喜欢的生活方式，过自己喜欢的生活才能有好情绪。

所以，不要认为那些喜欢独处的人莫名其妙，他们正在享受独处的快乐。当我们看到身边有这样喜欢独处的朋友时，我们要给予理解，并给他独处的空间。

1. 别打扰他，就让他一个人待着

当身边有朋友喜欢独处的时候，别打扰他，他并不是情绪不好，更没有什么孤独症、孤僻症，他一切都正常，不但正常还很快乐，他正在享受一个人待着的时光。他想一个人旅行、一个人看电影、一个人唱K，那就让他去吧，不要用异样的眼光看他，更不要觉得他莫名其妙，因为这样做他很快乐。

2. 不能总是一个人待着

虽然一个人待着也很快乐，但是，人毕竟是群居动物，不可能永远一个人，人需要朋友，需要从朋友那里获取更多正能量。不管你多么喜欢一个人待着，也不可能总是处于独处的状态，而是需要时不时地换换环境，既要享受独处的快乐，也要喜欢上和朋友在一起的时光，这样才会有更健康的心理和更多正面的情绪。

其实，人有时候想独处真的没有什么理由，就是此刻我就想一个人待着，一个人待着我舒服、快乐，所以，别问我为什么想独处，就让我一个人待着就好。

我只是有问题需要好好想一想

有人就喜欢一个人待着，独处对他来说是一种经常的状态，但是有些人，有些平时并不喜欢独处的人，在某个时候，也会突然对身边的人说："别打扰我，让我一个人待会儿。"他在说这话的时候，情绪一定不会太好，脸上估计没什么笑容。他怎么了？他只是遇到了一些烦心事，所以，他想一个人待会儿。

这会让身边的人觉得奇怪，平时最怕独处的人现在却想一个人待着。是的，他想一个人待着，因为有好多问题他需要好好想一想。而太乱的环境让他没办法安静下来，让他的心情更加烦躁，所以，他特别想一个人独处。

我们都有过这种时候，当心里有事情怎么也理不清楚的时候，当谁也无法给自己建议的时候，我们只有自己一个人待会儿，把房门关上，谁也别来打扰我们。我们可以坐着、躺着、蹲在地上，怎么舒服怎么来，只要能让我们的心情平静下来。

是的，想独处其实就是想让自己平静下来。独处，能让自己冷静，面对他人时我们无法做到绝对的真实，只有在面对自己时，我们才会去掉所有的伪装，才知道自己错在哪里，对在哪里，真正想要的是什么，真正能做的又是什么。所以，独处能让自己变得理智、冷静，最终清醒地看清楚一些事情。

当然，独处的时候我们也可以什么都不做，什么都不想，就是一个人待着，让过去、现在、未来都见鬼去吧，让那些烦心的人和事都见鬼去吧，我现在就想一个人待着，一个人休息一会儿，睡一会儿。

杨帆刚回到家，哥们儿就找来了："走，出去喝点儿。"

"喝什么呀，没心情。"杨帆歪倒在沙发上。

"没心情更要喝啊，一醉解千愁，喝醉了和哥们儿说说为什么烦。"哥们儿拉着他就要出门。

杨帆一下子甩开哥们儿的手，说："不想去，现在哪里都不想去，谁我都不想见，就想一个人待着。"

"哎哟，这可奇了怪了，平时最不愿意一个人待着的人，今天居然想一个人待着，快告诉我，这是发生了什么事儿了？"

"和你说了你也不明白，你快走吧，别烦我了，我想一个人静一静。"说完，杨帆把哥们儿往外推。

"别推我呀，我走就是了，今天你真是莫名其妙，以后想找我来陪你我都不来了。"说完走了。

送走哥们儿，杨帆松了一口气，终于可以一个人待一会儿了。他现在谁也不想见，什么话也不想说，就想一个人安静一会儿。心里的烦躁别人不明白的，和女朋友之间的种种纠葛已经好久了，爱与恨他自己都理不清楚，别人又怎么会懂呢。以前，他总用各种各样的聚会让自己不去想这些问题，但是，没用，逃避不是问题，现在他必须作个决定。所以，他需要冷静下来，好好想一想应该怎么办。

　　他躺在床上，闭上眼睛想休息一会儿，但是，心里千头万绪，怎么也睡不着。他坐了起来，点上一根烟，慢慢抽着，一边听着音乐，心情终于平静下来。他把许多事情，过去、现在和未来好好想了一遍，心里终于有了一个决定。

　　想独处其实就是需要一点时间和空间，不被人打扰的时间和空间，让自己从纷繁复杂的状态中解脱出来，到一个简单平静的世界里，在这个世界里，更容易想明白一些事情。

　　其实，独处并不是有这么大的魔力，并不是说在有人的环境里想不明白的事情，到了独处的环境里就想明白了，只是说独处能让自己变得冷静、平静，独处能让自己平复一下受伤的心情，在这样的心境下想事情会变得客观，更容易作出正确的决定。

　　虽然独处能让自己有更加清晰的思路，较容易作出正确的决定，但是，不要勉强自己独处一会儿就一定要想出答案，既然你已经烦躁得必须要独处才能平复心情，就说明令你烦忧的事情不是小事，那么就不是独处一会儿就能解决的。所以，重要的目的是休息一会儿，安静地待会儿。如果非要求自己独处就必须想出问题的答案，那只会令自己的心情更加烦躁。独处就让自己彻底得到放松，不要给自己任何压力。

　　不过，有时候人即使没有什么烦心事儿，也想独自待一会儿。可以想想自己的工作，计划一下自己的未来，想想身边的人和事，也可以回忆回忆往事。没错，我们只是需要一个属于自己的私人空间，清理一下内心的尘埃。

　　上班都是和同事们在一起，下班不是和朋友们一起就是和恋人腻在一起，什么时候能独自待会儿呢？人需要独处，不管你性格内向还是外向，不管你偏爱热闹还是早已习惯了一个人，都需要独处的时光。

当你特别想独处的时候，一定是心里有了"垃圾"需要清理的时候，那么这个时候，就遵从内心的选择，远离众人和烦嚣，来到自己的房间关上房门，也可以走出家门，一个人到河边散散步，或者背上背包到远方去旅行，只要是独处，不管在哪里，都能让你有一个良好的心境。

热闹太久，我需要独处来平静一下

现代社会，因种种原因，人的内心容易空虚，因而也特别怕孤单寂寞，所以总是用种种方式去填补内心的寂寞：去餐厅、酒吧、KTV这些总是人声鼎沸、热闹异常的地方。虽然人生来赤条条一个人，本就是孤独的，但喜欢热闹、逃避孤独却是人的本能，所以，哪里热闹往哪里去，是人很正常的生活状态。

很多人喜欢走到哪里都是三五成群，呼朋唤友，"人不多不热闹嘛"，这是许多人的口头禅，所以，饭馆里常是推杯换盏，热闹异常。然而反观外国人的饭馆里，多是窃窃私语，异常安静；再看看KTV，在中国受到了热烈欢迎，但在外国却无人问津。中国人喜热闹，不爱独处似乎是不争的事实。

国人不爱独处似乎有很多原因，物质产品极大丰富，消费内容日益多样，娱乐节目花样繁多，年轻人又成了消费的主力军，他们正处于喜欢热闹讨厌孤单的年龄，所以独处对他们来说是很奢侈的一种生活状态。

相反，他们是热闹的追随者。平时和朋友之间小圈子的热闹倒也罢了，他们更热衷于更大规模的热闹，什么情人节、圣诞节、万圣节、广场PATY、明星演唱会，哪里人多、哪里热闹就去哪里。总之，他们就是要扎堆，摆脱独处。

但是，这样无节制的热闹会给人带来什么后果呢？它会让人像个陀螺一样，不停地转动，无法停下来休息一会儿；会让人的身心无限疲惫，陷入另一种空虚里。热闹太久就像人忙碌太久一样，都会感到特别累。

所以，人在热闹了很久之后，突然在某一天、某一刻，很想离开热闹的人群，独自待一会儿，也许自己都觉得莫名其妙："我最讨厌一个人待着了，但今天，我就想一个人待着。"

邱志明的日子过得那叫带劲儿，只要一下班，就电话不断，约会不断，今天唱歌，明天吃饭，后天泡吧，星期六打球，星期天打牌，每一天都排得满满的。他的朋友也很多，同学、同事、网友，今天这个叫那个叫，所以，他从来就没有落单的时候，每天晚上玩完回到家基本都12点了，双休日更是一天到晚都疯在外面。邱志明每天也乐在其中。

这样的日子过了多久，邱志明都不记得了。反正他觉得他几乎没有一个人待着的时候，即便偶尔宅在家里，他也是和群友们聊天，商量去哪里吃饭、哪里玩，他都忘了一个人待着是什么感觉了。

但是，他渐渐觉得有点累了，不想总是和那一帮朋友出去了，除了吃喝玩乐、钞票花得像流水之外，他什么都没得到。而且这么长时间他的工作没任何长进，因为除了应付日常的工作，他好久都没有学习充电，也没有好好思考一下工作上的事情，至于未来更是没有好好考虑过，毕业时的理想也早已被他忘到九霄云外去了。他觉得他现在就是一具躯壳，什么都没有。

所以，当朋友再叫他出去玩时，他拒绝了："不去了，很累，今天我想一个人在家。"

"哦。"朋友挂断了电话。

他知道朋友一定觉得他莫名其妙，其实，他自己也觉得自己莫名其妙，反正，现在，他就想一个人待着，这就是他现在的心情。

真是好久都没有独处了，他都不知道该做些什么了。他先躺了一会儿，然后打开电脑，放了一段非常唯美的音乐，打开他好久没有看过的一本书……

邱志明之所以突然想独处，正是因为他热闹太久了，热闹太久了所以累了。不管人多么享受一种生活状态，都不可能永远处于那一种状态。因为人的情绪需要调节，不可能永远处于亢奋的状态，需要平静、放松、休息，热闹太久，需要独处来平静一下心态，缓解一下心情。

所谓一张一弛文武之道，人的生活状态、生活场景、心情状态都需要不定时地转化一下，这更利于身心的健康。永远处于热闹的亢奋中，人会疲惫，但如果总是一个人待着，也会孤单寂寞。所以，热闹久了，需要独处，独处久了，也需要走出去和朋友们在一起。

所以，人突然想独处是非常正常的情绪，我们需要独处来平静一下自己的内心，就像丰富的餐桌上需要均衡的营养一样，人的情绪也需要平衡。所以，独处就像人生的调味品，即便不是餐桌上每天必吃的主食，也是偶尔换换口味的菜肴，独处让你的身心更健康。独处会让你的心突然静下来，会让你觉得世界和你平时看到的嘈杂有些不一样，会让你感受到平时没有感受到的一切。

1. 有独处欲望的人其实是想拥有自我的人

独处的时候你会发现，这个时候我们才是真正地在和自己相处，虽然有些孤单但一点都不孤独。热闹的时候，我们无暇和自我对话，我们忘了真正的自我是什么，忘了问一问自己真正想要的生活是什么。

而突然渴望独处是对平时的自己不满意，想要在独处的环境中寻找到真正的自我，所以，有独处欲望的人都是想拥有自我的人，都是对自我有些要求的人，这样的人是值得鼓励的。

2. 我想做自己想做的事情

每个人都有自己想做的事情，可是，白天你忙于工作，晚上你忙于玩乐，什么时候才能做自己想做的事情？兴趣爱好被丢了好久了吧，想看的书都已蒙上尘土了吧，曾经想实现的梦想好久都不曾提起了吧，而今天，独处又让你想起了这些，又让你有时间去做这些。

自己想做的事情想到就应该去做，没有时间也要挤时间去做，所以，我们必须独处，只有给自己独处的时间，才有可能去做那些想了好久都没有时间去做的事情。

"热闹太久了，我需要独处来平静一下。"这一定是许多现代人的心声，独处能让人回归自我，让自己热闹嘈杂的灵魂重新感觉到平静。

第十三章

为什么有时候会莫名其妙地孤独

　　你怕孤独吗？似乎每个人都怕。为了躲避孤独，人要交朋友、成家、工作，与这个社会融为一体，以抗拒孤独感的侵袭。但是，人还是会孤独，无论人躲到哪里，身边有多少人围绕，人还是会莫名其妙地感到孤独。为什么呢？因为，人生来就是孤独的，来的时候是孤独的，过程中是孤独的，走的时候还是孤独的。尤其是在人生的这段旅途中，越优秀的人、越有才华的人越容易孤独，所谓"高处不胜寒"、"曲高多和寡"，所以，这些人学会了享受孤独。既然孤独是生命的一种本质，那就让我们好好来享受一下孤独吧。

人生来就是孤独的

人为什么有时候会莫名其妙地孤独呢？很简单，因为人生来就是孤独的。

也许你不认同这个命题，那就让我们来看看人这一生的历程。

你出生时，父母没有征得你的同意，就把你带到了这个人世间，你来时赤条条一无所有，孤身一人。没有人告诉你这个世界可能会充满困难，也没有人告诉你，在这个世界上，你是个莫名其妙的孤独的漂泊者！

从此后，你开始了在这个世界上的旅程。对你所生活的环境，无论是幸福的还是苦难的，是富裕的还是贫困的，是和平的还是战乱的，是温情的还是冷酷的，你丝毫没有选择的自由，甚至你没有做丝毫的准备，就要被迫面对、承受这一切！不仅如此，在这尘世间，你所经受的诸般痛苦的情绪，都必须独自承受，没有人代替。

也许会有父母、亲人、朋友陪伴和安慰，但这仅仅是陪伴和安慰，而承受伤感、空虚、恐惧等情绪的只能是你自己，他人永远无法完全体会你此刻的心情，即便他们情感多么细腻，多么懂你，多么具有同理心，但他们永远无法代替你痛苦。

因而你永远无法根除心灵深处这种与生俱来的孤独！

你必须用自己的双脚去践行人生的坎坷，去领受尘世的风霜，去支撑生命的沉重，即使你不想活了，你也必须用自己的血肉之躯和心灵的颤栗来实现"死去"，他人同样无法代替。

最后，当你在尘世累得疲惫不堪、再也没有力量站起来时，你还必须一个人去远方，没有人陪伴你，没有人给你指路，没有人安慰你。纵然有很多朋友、亲人痛不欲生，为你哭泣，并为你送行，但他们仍然无法陪伴你去另一个未知的地方。

这就是人一生的旅程，孤独吗？孤独，非常孤独。所以说，人生来就是孤独的。孤独，是人生的必修课。

从小到大，我觉得自己是幸福的。父母的宠爱、兄弟姐妹的呵护，在人生的每一个阶段，都有许许多多的朋友，无论是泛泛之交或是知己闺蜜，无论是快乐或是痛苦不堪时，总是有人安慰，陪伴我度过许多寂寞的时光。不能不说，我是幸福的。

但是，我却总觉得我是孤独的。

小时候，我性格较为孤僻、内向，总是一个人躲在一边玩耍、看书，这时候，我觉得我是孤独的。长大一点，到了少女时代，有了自己的心事，家人爱我，却未必了解我，我看着这个未知的世界，带着些许迷茫，这时候，我是孤独的。再大点，我恋爱了，我以为我找到了这世界上最懂我的人，我将不再孤独了，就在我窃喜之时，我们有了误解、争吵、摩擦，我觉得他一点都不懂我，这时候，我感觉我非常孤独。然后，我失恋了，我躲在自己的世界里独自疗伤，我感到非常非常孤独，闺蜜心疼地把我抱在怀里，一遍一遍地安慰我，试图帮我赶走心里的孤独感，她的安慰让我感到非常温暖，但是我心中的痛谁也无法替我承受，我仍然是孤独的。

我是孤独的，虽然我并不寂寞，虽然这世界给了我许多温暖，但我仍然是孤独的。听到好听的音乐，看到好看的书，但没有人和我分享时，我是孤独的；当我的思想有了火花闪现，没有人和我共鸣时，我是孤独的；当我爱着时，我仍然是孤独的，因为他永远无法体会我心中的爱多么深、多么坚定。

我是孤独的，但我并不悲伤，因为人生来就是孤独的，即便我有多少的同行者，但这一生能陪自己走完全程的，只有自己。

故事的主人公多么孤独啊，即便她感觉到了生命的温暖，依然觉得自己孤独。

人的生命就像一叶孤帆，没来由地漂流在充满喧嚣和骚动的时间的河流上，又没来由地无声无息地远去，最后不知不觉地消失在无限的时空中……

每一个生命的存在都是独一无二的，这世界上没有第二个一样的你，所以没有人能完全体会你内心的所有情绪，你只有孤独地和自己做伴。

人与生俱来的孤独感在现代人的身上演绎得更加淋漓尽致——20世纪最流行的疾病是孤独。社会的流动性越来越大，人们还没来得及认识彼此，就要到另一个地方去，友谊没办法建立，更难更没办法持久，人与人之间的陌生感越来越强烈。同时，网络、手机又充斥了人们的生活，人与人之间面对面的交流越来越少，时代就像进入另一个冰河时期一样，让人倍觉孤独。

人人都害怕孤独，但孤独却如影随形，赶也赶不走。

大多时候，孤独并不是一种好的感受，孤独到骨髓时，离开这个世界的念头都会有。这个时候，我们该如何赶走这可怕的孤独呢？

1.寻找寄托

人心灵的孤独是无法用外在的东西驱赶的，只能寻找生命的寄托。这个寄托可以是任何东西：自然、兴趣、情感等等，只要能让你觉得人生有意义。

有一个女子，丈夫遭遇意外去世，这个变故让她失去了生活的重心，她感觉自己失去了全部，异常悲痛之后更觉孤独。孤独像一个可怕的魔鬼，赶也赶不走，让她感觉生活是如此可怕，恨不得也离开这个世界。

为了不那么孤独，她开始拿起画笔，这是她唯一的兴趣。她十分喜欢水彩画，现在成了她精神的寄托。她忙着作画，孤独的情绪逐渐平息。由于努力作画，她开创了自己的事业，成了一个小有名气的画家。渐渐地，丈夫离去带给她的孤独感越来越淡。

偶尔感到孤独时，她就这样安慰自己：丈夫早晚会离开自己的，现在不过是早了一点而已，人终究要独自面对这个世界，人生来就是孤独的，不要因别人的离去而无法承受孤独。

这就是我们的生命——本来就是孤独的，你必须要面对这个事实，当你觉得这个事实让你孤独时，不妨为自己寻找一份寄托吧，寄情于山水，寄情于书本，寄情于一段感情，也许它不会让你彻底摆脱孤独，但它一定可以让你暂时离开孤独。

2.融入他人的生活

人是群居动物，想要赶走与生俱来的孤独，还需要依靠人。当你孤独到难以承受时，别忘了，朋友永远是你心灵的慰藉。与其孤独地一个人待着，不如去和最好的朋友一起谈天说地，朋友的陪伴会让你觉得人生除了孤独，还可以非常地尽兴和精彩。

虽然，"人生来就是孤独的"这句话让我们觉得有些伤感，甚至更觉孤独，但是，只要我们敢于面对孤独，勇于在孤独中坚强地成长，并善于摆脱孤独，我们依然可以孤独并快乐地活着。

高处不胜寒，曲高多和寡

虽然说人生来就是孤独的，但有些人明显比其他人更容易感知孤独，他们的孤独感比之他人来说更加强烈，强烈到足以灼伤了自己。

例如梵高，他就是一颗孤独的恒星。梵高把自己的全部心血和热情都倾注在画作上，但他的艺术知音却是如此寥落，上帝造就了一个旷世奇才，却没有相应地造就出能够欣赏他的观众，因此，梵高陷入了比死亡更痛苦的孤独里。梵高早已习惯于忍受孤独，但是，即使是超人，他的忍耐力也是有限的。梵高终于自杀了，他是因孤独而死的。

梵高的孤独是因为什么？卓越、优秀。用我们古人的话来说就是——高处不胜寒，曲高多和寡。

因为这种孤独而死亡的人不止梵高一个人，海明威、海子、三毛、张国荣……

无疑，他们都是优秀的，但太优秀的人心灵更容易孤独。太阳是孤独的，月亮是孤独的，恒星更是孤独的。那些优秀的天才犹如恒星，他们的孤独命中注定并伴随一生。为什么他们这么孤独呢？因为恒星的光焰太强烈、太灼热了，任何一个质量不够大、能量不够强的星体过于靠近它，都会被它炙伤乃至被它熔化，所以，它只能永远孤悬在星空一隅。

这或许就是古人"高处不胜寒"、"曲高必和寡"这两句话由来的原因。

当然，生活中没有这么多梵高、海子、海明威等，但是，依然有很多人比普通人较为卓绝、优秀的人，他们更有见识、更有能力、更有才情、更加美丽，因此也更加孤独。因为他们不容易找到同类，不容易找到共鸣者，甚至不容易找到敌人，犹如金庸笔下的独孤求败。

我有很多朋友，我的身边从来不乏欣赏者、崇拜者。

小时候，我学习成绩优秀，尤其爱看书，所以一直到大学，我都比同龄人懂得更多，比他们更成熟。

工作后，我依然优秀，工作能力突出，见识广博，富有才情。我讨厌那些庸俗的观念，不愿意人云亦云，随波逐流，也不愿意改变自己身上那一点点小个性。我并不愤世嫉俗，也不叛逆，但我知道自己与众不同。

这种与众不同得到了很多人的欣赏，同性的、异性的，他们很愿意和我交朋友，沟通和交流。我并不排斥他们，我也喜欢和他们成为朋友，虽然我朋友很多，但是，我却觉得孤独。

从小到大，我都觉得孤独。我并不孤单，但却很孤独。因为我很少能找到真正和自己有共同语言的人，和很多人交流让我感到不是肤浅便是呆板，几句话后我便没兴趣了。

在这样的情况下，我只有寄情于书本、艺术，让更丰富的精神世界充斥我的生活，当然，我也有几个特别谈得来的知己朋友，但是还有一些时候，我感到特别孤独。

"优秀让我感到孤独"，这不难理解。当一个人的思想境界比之他人更高时，自己就会感觉到孤独。因为没有人真正地了解你，能走进你的世界，他们甚至无法靠近你的世界。你的想法找不到可以分享的人，你的烦恼和忧愁找不到可以倾诉的人，你的爱找不到可以接受的人。你站在一个高处独自欣赏风景，找不到一个可以陪伴的人；你唱一曲优美的旋律，找不到一个和音的人，你怎能不孤独呢？

很多站在人生高处的人都是孤独的。历朝历代的皇帝，他们不孤独吗？不孤独他们就不会自称寡人；伟人不孤独吗？每一次运筹帷幄之计挑灯沉思，他不孤独吗？还有很多思想家、文学家、艺术家，他们不孤独吗？屈原感叹"世人皆浊我独清，世人皆醉我独醒"，他何其孤独。

生活中也有很多这样的孤独者，一个企业的领导者犹如一艘船的舵手，独自站在船头望向汪洋大海，掌握着船的方向，这个时候的他必然是孤独的。一个作家在创作一部作品时，他必须赶走尘世的一切喧哗，让自己的灵魂完全融入到作品中，这个时候他一定是孤独的。一个人，因为优秀可能一时找不到合拍的异性，因而一直单身，这个时候，他一定是孤独的。

追求卓越、优秀会让自己变得孤独，尤其是当自己的卓越和优秀不被他人欣赏时，那种怀才不遇，不被重视和理解的心情让人更觉孤独，"穷则独善其身"便是怀才不遇者对自己的孤独最好的安慰。

优秀与孤独究竟是怎样的一种关系，到底是优秀让自己变得孤独，还是孤独成就了自己的优秀，很难说清楚，但是，那种"高处不胜寒"、"曲高多和寡"的孤独感有时却让人难以排遣。

1.孤独是你享受别样风景的代价

虽然说"高处不胜寒"，但你在高处却领略到了别人看不到的风景，感受到了别人感受不到的心境，有了别人所无法拥有的收获，所以，孤独就是你为此所付出的代价。平庸者或许不孤独，但他们的人生收获却是有限的；优秀者或许很孤独，但他们看到了人生别样的风景。

虽然你孤独，但你比不孤独的人拥有的更多，既然这样，何必感到那么孤独呢？

2.在孤独中充实和超脱

人都会孤独，但平庸者因为孤独而沉沦，优秀者因为孤独而升华。当一个人感到孤独时，会有意识地去寻找寄托，用更有价值和更有意义的东西来充实自己的生命，因为这种充实，自己变得更加优秀，也有可能因为这种优秀让自己变得更加孤独，于是，又去充实生命……在这样的循环中，孤独与优秀结伴同行，不断递进，生命在孤独中充实和超脱，孤独在充实中越来越淡化。

所以，当你觉得自己孤独时，不要觉得这是一种可怕的情绪，因为平庸者不会感到孤独，也不会因孤独去充实自己，优秀者会让孤独会变成促使自己变得更加优秀的正能量！即便"曲高多和寡"，那也是值得为自己喝彩的另一番人生境界！

孤独，也是一种享受

孤独，也是一种享受。有人会说，你在自虐吧。甭管你把孤独吹嘘得多么有品位，也没有人真的愿意孤独。是的，没有人会主动选择孤独，但当孤独真的包围了自己时，我们为什么不能化被动为主动，好好享受一下孤独？

谁都不愿意孤独，但没有人能完全拒绝孤独。人的一生就是一趟孤独的旅程，与其抗拒孤独，不如学会和孤独做朋友，好好享受与孤独为伴的时光。其实，任何一种负面情绪都是一把双刃剑，它能伤害你，也能成就你，就看你懂不懂得利用它。

在无数个深夜，有些人为逃避孤独夜夜笙歌、醉生梦死，在孤独中颓废和沉沦，浪费生命甚至自暴自弃，孤独对他们来说是一种难以摆脱的苦痛。但有些人呢，却在伏案学习、冷静思考、为理想奋斗，他们是懂得享受孤独的人。他们在孤独中寻找自我，在孤独中学会和自己相处，并和自己的灵魂对话。对他们来说，享受孤独不是自虐，而是一种乐趣，在孤独中他们变得自足和自信。

可见，同样是孤独，不会享受孤独者，在孤独中颓废；会享受孤独者，在孤独中成就自我。

在某些时候，很多人心中充满了物欲，精神非常贫乏，他们不愿意过冷静清苦的日子,他们更愿意面对喧嚣的都市,过纸醉金迷的生活,宁可迷茫,也要逃离孤独;宁可在迷茫中失去本色,也不愿意在孤独中面对真正的自我。

与其说他们不会享受孤独,倒不如说他们不敢面对孤独,因为在孤独中人更加能看清楚自我的本质,看清心灵的浮躁和荒芜,他们无法战胜内心的虚弱,所以他们不敢面对孤独。而那些内心强大、对自我有要求并向往卓越与优秀的人,则勇敢地选择了与孤独为伍,他们最终发现,享受孤独其实是一件很美的事情,享受孤独但并不孤独。

吃完晚饭,我刚刚靠上床头翻开一本书,电话响了,朋友打来电话:"出来唱歌吧。"

"不去了,你不是前天刚唱过,怎么今天又唱歌?"

"无聊嘛,一个人在家待着,多寂寞啊。不如出来和朋友一起唱唱歌、喝点酒、吹吹牛。"

"不去了,我还有很多事做呢,你们去吧。"说完,我挂断了电话。

夜晚,是真正属于我的时间,我不愿意把这段时间浪费在吃喝玩乐上,虽然我也喜欢和朋友们一起玩,也害怕孤独,但是更多的时候,我宁愿享受这略带点孤独的一个人的时光。

都说小酌怡情,我觉得小小地孤独一下对身心也是有益的。这个时候,我可以读一本心仪的书,品一杯清雅的香茗,听一段舒缓的音乐,写一篇日志。

刚开始我也觉得有点孤独,可是渐渐地,我爱上了这种孤独。远离白天的嘈杂和繁忙的工作,给自己一段真正属于自己的时间,想想白天没有时间想的事情,想想一直想不明白的事情,过去、现在、未来,整理一下思绪,计划一下未来。当然,也可以静静地躺着,什么都不想,什么都不做,放下一切包袱,静静地沉浸在这片孤独中,让身心都得到彻底的自由和放松。

这时，没有人打扰我，我也不必再去应付白天不愿意应付的人和事，我需要面对的只是自己，最真实的自己，这时候的孤独一点都不痛苦，而是一种享受。

我们需要一点孤独，就犹如狂躁的人们偶尔需要一些镇静剂，浮躁的人们需要时不时冷静一下一样，孤独就有这样的作用。

在孤独中，人可以反思自己，自己曾经犯过的错，今后怎样才能不再犯。过去的纠结和种种放不下，尝试着去原谅自己、他人，让自己真正放下，使自己的心灵平静下来。在孤独中，我们也可以细数过往，回忆往日美好的点点滴滴，咀嚼自己多彩的人生，也可以控诉对生活的不满。

孤独的时候，你是简单的，因为你只需要面对你自己；也是丰富的，因为这时候的你非常充实。能够享受孤独的人，都是内心世界丰富而又强大的人，也是能够从孤独中奋起的人。大多有所作为的人，都是勇于面对孤独和懂得享受孤独的人。

没有孤独的人生也许是不完整的，享受孤独，就像一个人午夜漫步在人烟稀少的街头，虽然有点寂静，但是心情非常平静。孤独者的心中充满着对明天的向往和追求，就算有一点点痛苦，也是痛并快乐着。

当一个人感到孤独时，我们不必觉得这种情绪是多么地莫名其妙，因为人的孤独感是天生就有的，适当的孤独感并不会给人的身心带来伤害，相反，那是有益身心的一种情绪。一点的孤独代表着你没有麻木、颓废，你在孤独中积蓄力量，等待着厚积薄发的那一天。

能够享受孤独的人，往往比他人更深刻，比他人更坚强，也比他人更有理想，比他人更珍惜时间，因此，有许多成功的人，都曾经经历过无数个孤独的黑夜，没有在孤独的炼狱中煎熬过的人，也不可能拥有真正的成功。

我们无意拔高孤独的作用，但也不要排斥孤独，更不要觉得孤独是如此地难熬，学会和孤独相处，懂得享受孤独，这一生才能真正不孤独。

第十四章

为什么有时候会莫名其妙地被控制

我总是不由自主地靠近某人，接近一种情感，他对我似乎有一种强大的魔力，让我莫名其妙地被他控制，即便他带给我的可能是伤害，我还是无法摆脱他的控制。我对自己的这种感觉无法理解，我会被爱的甜蜜控制，但我为何还会被爱的痛苦控制？难道我喜欢被虐，我是受虐狂？我不但被人控制，我还容易被某样东西控制：手机、网络、微博……我时时刻刻离不开它们。这究竟是怎么回事儿？为什么别人不容易被控制，我总是无法摆脱被控？我的内心到底和别人有什么不同？

爱让我不由自主地被控制

"这种感觉从来不曾有，左右每天思绪每一次呼吸，心被占据，却苦无医，是你让我着了迷。给了甜蜜又保持距离，而你潇洒来去玩爱情游戏，我一天天失去勇气，偏偏难了难忘记。"这是陈晓东的《心有独钟》。在这首歌里，陈晓东唱出了一个被爱控制的人的心声：爱已经左右了我每天的思绪和每一次呼吸，心被你完全地占据了，想赶都赶不走。我一天天失去勇气，想忘记又难以忘记，想结束又无法结束。

这告诉我们，人一旦爱上，便会不由自主地被爱控制。

人是情感动物，尤其是爱情，总是有一种特别的魔力，让我们不由自主地受控。自从被丘比特之箭射中的那天起，我们便不由自主地走进了一个魔窟。爱从来没有胁迫我们，我们爱上的那个人也从来没有胁迫我们，是我们自愿被其控制，因为我们爱上了他。

我们为什么会被爱控制呢？

首先，缘于爱的魔力。爱情是世界上最美的、最神圣的、最珍贵的情感，也是最难得到的情感。因为亲情是与生俱来的，友情是可以遍地开花的，只有爱情是唯一的，是需要寻觅、追求，甚至追也追不来的，所以爱情最不容易得到。

因为它的难得，所以我们尤为重视它，一旦遇到了就特别想抓牢它，生怕一不小心失去了，所以我们在面对爱情时战战兢兢、患得患失，在不知不觉中反倒被爱情控制。

爱情能带给人莫大的快乐、甜蜜和幸福，也能带给人莫大的痛苦，因此，爱情带给人的震撼太强烈了，所以，在爱情面前，人几乎是没有抵抗能力的，不被它控制又能如何？

其次，是因为你相信爱情。如果你根本就不相信爱情，不相信爱情是最美的、最神圣的、最珍贵的、最难得的，也不相信爱情能给人带来什么甜蜜、幸福和震撼，那么，你怎么可能被爱情控制呢？所以，被爱控制是因为你相信爱情。

再次，是因为你的性格。有人天生情感丰富、敏感细腻、爱恨强烈，这种人对爱情没有什么免疫力，非常容易感知爱情带来的一切感受，在爱情的甜蜜和痛苦中沉沦，所以，你很容易被爱情控制。

最后，是因为你爱上的那个人。你爱上的那个人对你来说有一种难以言说的、无法抗拒的魅力，让你深陷与他的情感中无法自拔，这个时候，你不被它控制被谁控制？

所以，爱极容易让我们被控制。

所以，人会莫名其妙地被控制，只是因为他陷入了爱里。

戴晓颜觉得自己简直是走火入魔了，脑子中满是他的影子，他走路的样子、他说话的样子、他笑起来的样子，挥也挥不去。她总是不由自主地想给他打电话、发信息，想跟他见面，只要听到他的声音，跟他说上几句话，她就能兴奋好几天。但是，只要几天见不着他，她就觉得食之无味，活着都没意思。

戴晓颜心里想："哎呀，完蛋了，我爱上他了。"

她的心思已经全被他占据，被他控制了。她也不想这样，她也想化被动为主动，让自己别这么累，但奈何他太有魅力了，他的一切都吸引着她。和他在一起，呼吸都是甜蜜的，和他分开的时候，整个世界都是灰暗的。

戴晓颜不知道别人是什么样的，为什么她爱起来会是这样的感觉，酸甜苦辣、五味杂陈，甜蜜、幸福还夹杂着一点点苦涩，不知道他对自己是不是也是这样，也是这样难以自拔，也是这样莫名其妙地被爱控制。

这就是人爱到深处的感觉，时时刻刻想着对方，脑海中回荡着他的一切，仿佛这一切有一种什么魔力，吸引着自己往前冲。人都说："不能自拔的除了牙齿还有爱情。"可见，在爱情面前能潇洒来去不受其影响的没有几个，只要你爱上，就会被爱情莫名其妙地控制，可能这就是爱上某个人的一种状态。

为什么人在面对爱情时会产生这种莫名其妙的心理呢？因为人在遇到心仪的异性时，会分泌相应的激素，使人进入亢奋状态，之后再次遇到或想到该异性时，都会分泌激素，反复进入亢奋状态，这种感觉就是爱情。所以，人被爱情控制首先是因为生理受到了影响，因此，我们也常说"爱情就是一种荷尔蒙分泌"。

不管爱情是生理反应还是心理反应，总之，我们的身心都被爱情控制了。古往今来，被爱情控制的人太多了："剪不断，理还乱，是离愁，别有一般滋味在心头。""衣带渐宽终不悔，为伊消得人憔悴。""十年生死两茫茫，不思量，自难忘。小轩窗，正梳妆，相顾无言，惟有泪千行。""此情无计可消除，才下眉头，却上心头。"没有被爱情控制过的人，写不出这些感同身受的诗句。

但是，被爱情控制究竟是一件好事还是坏事？看看这些词吧，"离愁"、"憔悴"、"茫茫"、"泪千行"、"无计可消除"，全是负面的情绪。我们不能否认，爱情带给我们了许多美好和甜蜜，但是，当我们无法主动把握爱情，却被爱情牢牢控制的时候，我们还能有多少快乐呢？我们的身心都受到了严重的影响，日常生活都受到了干扰，这个时候，我们还能够继续被其控制，坐以待毙吗？

1.别放大自己在爱情中的感受

爱情确实有它的吸引力，但这种吸引力究竟有多大，是你自己赋予的。你说爱情似一阵微风，它就是一阵微风；你说爱情似一阵狂风，它也可以是一阵狂风。爱情带给了你一些甜蜜和美好，于是你觉得你上天堂了；爱情给了你一些痛苦，于是你觉得你下地狱了。爱情真的有这么大的作用吗？没有！都是你想象出来的。

爱情的魔力与其说是爱情本身就具有的，不如说是恋爱中的人赋予的，是恋爱中的人放大了自己在爱情中的感受；与其说是被爱情控制了，不如说是被自己的情绪控制了。因此，把爱情看得淡一些，不要夸大爱情的作用，不要放大自己在爱情中的感受，才能不被爱情控制。

2.面对爱情，要化被动为主动

恋爱时，要化被动为主动，其实还是说让自己不要过于投入，不要爱得要死要活，要懂得从爱情中抽离出来，更加冷静理智地面对爱情。虽然爱情是感性的，但感性的事情更要理性地面对，才能有更好的结果。如果你总是处于一种被爱控制的状态中，不但你的身心受其折磨，情绪受其控制，你的言行都会受其影响。所以，化被动为主动，才能停止被爱控制。

情绪就是这样，你不控制它就反被其控，所以，面对容易控制我们的爱情，我们要更加清醒和冷静，这是唯一摆脱被控的办法。

只有摆脱内心的虚弱才能摆脱控制

为什么有人在爱面前能够保持理智和清醒，潇洒地来去？为什么有人面对痛苦时，不会成为受虐狂、自讨苦吃，而是毅然决然地逃离痛苦，停止受虐？因为他们有强大的内心，内心世界强大的人不会轻易被控制。

为什么你总是莫名其妙地被某个人、某样东西、某段感情所控制？因为你的内心，因为你的内心不够坚定，不够坚强，不够淡定，不够潇洒，一句话——不够强大，过于虚弱。因为你的内心虚弱，所以才容易被负面情绪侵袭，你的内心一定有许多难以修复的伤痛，所以，难以抵挡外界的许多诱惑，爱的诱惑、痛苦的诱惑、快乐的诱惑，无节制的诱惑，所以，你被很多东西控制了。

例如，你明知道一段感情前景黯淡，还是要被其牵着鼻子走；明知道某个人只会带给你痛苦，还是愿意和他共赴前程；明知道某样东西上瘾了会给你的生活带来不好的影响，可还是无法拒绝。与其说你被控制，不如说你的自控力太差。

在被控制的过程中，你也曾经试图摆脱，可最终却又不知不觉地深陷其中；你也想让过程充满快乐，却又控制不了自己的言行，弄得自己非常痛苦。

与其说你被人、事、物控制，不如说你被你的情绪控制。

你为什么无法控制自己、无法控制情绪、无法控制局面呢？正是因为你的内心太虚弱了，虚弱的内心让你被控制，但你却控制不了任何事情。

说起王竞，朋友都说他是各种控，"手机控"、"网络控"、"微博控"、"QQ控"，当然，如果谈起恋爱来，他还是"女朋友控"，总之，他很容易被各种东西所控制。只要喜欢上某种东西或者某个人，他就很容易，深深被吸引，无法自拔。

上一次谈恋爱时，他感觉自己像着了魔一样，女朋友的每句话、每个行为都左右着他的情绪，让他在天堂和地狱之间穿梭。女朋友就像女王，而他只是个爱情的小兵，他的生死完全被女朋友控制了。那场恋爱谈得好累，好痛苦。虽然这样，他还是不想放弃，他已经习惯了为爱折腾的日子。但是，女朋友不想折腾了，她放弃了，她不想和他在一起了，她说，她从来都没想过要控制他，是他自己被自己虚弱的内心控制了。

被自己虚弱的内心控制？王竞一时无法理解。不过，他确实很容易依赖许多东西。例如手机，24小时不离一米左右，离开一会儿，他就像丢了魂儿；例如网络，无论是手机、电脑还是公共场所的WIFI，他都无时无刻不在上网，一会儿不上网，他就觉得与这个世界失去联络了；又例如QQ，一会儿不上QQ，他就觉得他没有交际、没有朋友了，即便一天不说话，他也要挂着QQ，似乎这样他才有安全感。

他觉得拥有这些，他才没被世界抛弃。可能也是这种心理，他需要时时刻刻感觉到女朋友在爱他，他才觉得没被爱情抛弃。他怎么总是时时刻刻没有安全感呢？难道真的是自己的内心太虚弱了，才不停地从外界寻找安全感，才总是莫名其妙地被一些人、事、物所控制？

很明显，王竞是一个特别容易被控制的人，无论是人、感情还是某种东西，他都很容易被控制，难道这些东西真的有那么大的诱惑力吗？未必。有许多人并没有被这些东西控制，影响自己的生活，他们都在有所节制地享用这些东西。

为什么有些人在享用这些东西的时候，能够有所节制？是他们的自控力好吗？那为什么他们能够控制自己呢？究其原因，还是因为他们有强大的内心。他们强大的内心让他们知道该追求什么，必须拒绝什么。因为内心强大，所以比较理智，不会一味地跟着感觉走，更不会陷入痛苦的情绪中无法自拔、莫名其妙地受虐。

谁内心强大？苏格拉底、老子、诸葛亮……这些内心强大的人不会被任何人、事、物所控制，所以，你很难看到他们矛盾、痛苦、纠结的时候，他们更不可能让自己受虐。而我们这些生活中平凡的小人物却难以有这么强大的内心和定力，所以成为了各种"控"。

那么，如何才能不被控制？只有摆脱虚弱的内心，让内心变得强大。

1.自信

为什么会容易被控制？其实是一种心理上的依赖，没有某个人、某样东西就活不下去，失去某个人、某样东西就会没有安全感，这其实是缺乏自信，缺乏自我，把自己的快乐和幸福建立在他人身上，而不是自己身上。一个没有自信、没有自我的人心理不可能强大，因而就容易被外界的事物所控制。

因此，想要摆脱控制，先要找回自我，找到自信，一个自信的人会把自己的快乐和幸福寄托在自己身上，才不会总是莫名其妙地被控制。

2.成熟

除了自信，就是要变得成熟。什么才是真正的成熟？那就是了解自我、了解对方、了解事情的发展和走向，并能够理智清醒地面对一切，这样，你还会为某个人、某件事患得患失吗？你还会明知痛苦还非要往里跳吗？你还那么容易被控制吗？当然不会了。

当然，自信和成熟不是一天就能修炼成的，你也不可能像折断藤蔓一样立刻隔断控制你的源头，这需要时间，需要历练，但你必须现在就有清醒的认识，而后才有可能做到不被控制。

有时被控制并不代表不幸福

人有时候被控制，并不是完全被动的，而是心甘情愿被控制。难道真的是因为自己是个受虐狂吗？真的是因为自己的内心过于虚弱吗？当然不全是。而是因为在被控制的过程中，我们也感受到了快乐，控制我们的那个人或者东西带给了我们一种幸福感。

例如，爱让我们不由自主地被控制，爱情的甜蜜和幸福自然不言而喻，它让我们不由自主地深陷其中，心甘情愿地被其控制。例如"手机控"、"微博控"、"网络控"，使用过这些东西的人都知道，它们都能给人带来快乐。还有许多人被一些很特别的东西"控制"，例如"帽子控"、"包包控"、"镜子控"、"短发控"，等等，我们的心情被这些东西控制的时候，其实内心是非常快乐的。

看来，被控并不绝对是一种痛苦的情绪，很多时候，它是一种快乐的情绪，被控制并不代表不幸福。

所以说，与其说是"控"，不如说是一种"情结"，你对某些东西有情结。其实，"控"源于英文单词 complex，意思就是"情结"。

那么，我们可以这么说，被某个人或某样东西所控制，是因为他对我们来说有一种难以言说的情结。我们陷入爱里也是因为这样，我们爱上的那个人对我们有一种难以言说的情结。

对于现代人来说，"控"已经不是一个贬义词，而是一个中性词，它的意思和"癖"更相似，表示强烈的嗜好和喜欢。人们沉浸在被控中，似乎被所役，无论控制我们的是物质还是精神、是有形的还是无形的，我们都感觉到一种他人无法体会的快乐。

这种控制更像是被"俘获"，其实，"控"的通俗解释是偏爱、着迷、受制和不由自主，当我们说自己是"某某控"的时候，我们的意思是，承认自己对某样东西很着迷。

李玲早上醒来，第一件事就是打开电脑或手机，登录新浪微博，别人说她是"微博控"，她从不否认，她不觉得自己是个"微博控"有什么不好，反而从中得到了许多快乐。比如现在，每天早上起来浏览微博，有一种皇帝阅览奏折的感觉，仿佛天下事尽在掌握。

以前她不是很爱阅读，觉得每天抱着大部头的书看很累，而现在有了微博，她每天可以很轻松地阅读到很多东西，无论是新闻时政，还是娱乐新闻，或者心灵鸡汤，都能更加轻松便捷地吸收到。

有了微博后，她更加热爱生活了，走到哪里都这里拍拍，那里拍拍，留意身边每一个美丽的画面，发到微博里和朋友们共享。她最喜欢的是和朋友们互动，无论是国家大事还是生活小事，她都会在微博里和朋友们互相讨论。

微博丰富了她的生活，扩大了她的视野，让她的心灵变得更加充实，所以，她疯狂地喜欢上了微博，成了彻彻底底的"微博控"。每天除了工作的时间、睡觉的时间，她几乎都在看微博、发微博。朋友们都说，你这样不太好吧，微博几乎占据了你所有的业余时间。她说，对微博她确实有点上瘾，不过，在这其中，她感到非常快乐，所以，就算被微博控制，她也觉得无所谓。

李玲这个"微博控"从中感受到的是幸福和快乐，她的内心一定有一句这样的潜台词："被'控'的感觉真好。"当你心甘情愿被某样东西控制的时候，你的感觉一定是享受的，而不是痛苦的。

有这样一句话"无癖者不交"，就是说，一个人如果没点自己的嗜好、爱好，是无趣的，人就没有和他交朋友的欲望了。所以，你能成为"某某控"证明你是个有爱好的人。

看来，被某样东西控制并不完全是一件坏事，确实能从中得到许多乐趣。所以，一个人被某样东西控制，不是一件莫名其妙的事，而是一件很正常的事。

尤其是当我们被爱控制的时候，只要没到自虐、受虐的程度，你感受到的一定是更多的快乐和幸福，因为这个世界上没有几个受虐狂，绝大部分都是正常的，能心甘情愿地被控，一定是得到大于付出，幸福多于痛苦。即便过程是苦乐参半，人也愿意因那一半的快乐忍受另一半的痛苦，人自会衡量值得不值得。

所以，当"被控"代表着幸福的时候，就让我们深陷控制之中，好好享受被控的快乐吧。但是，"控"不代表毫无节制，也不能被控到影响了生活，扰乱了身心，"控"永远是在自己能够把握的程度之中。

1."控"只是个相对概念

不管你是什么"控","控"都只是个相对概念,只是在强调你对某物或者某人的喜爱程度,并不代表你的身心就真的被他控制、被他劫持。它真正的意思应该是吸引,你莫名其妙对某样东西带给你的乐趣给吸引,而不是被它控制了你的喜怒哀乐,更不是被它控制了你的时间和精力。有些人成了"微博控"、"网络控"、"手机控"之后,作息时间完全被打乱,生活和工作完全受到影响,这不是我们所说的控,这种控制是要不得的,是必须要摆脱的。

2.能被控也能摆脱控制

我们支持的被控不是绝对的被动,不是完全被其牵着鼻子走,而是自己有一定的可把握的程度。当我们感觉到快乐、愿意被控的时候,我们就被其控制;当我们感觉到痛苦、不愿意被控的时候,我们又能及时地、较为容易地离开控制我们的人或物。我们要做到既能被控也能摆脱控制,只有这样的"控"才是永远不会带给自己负面情绪,而只给自己带来快乐和幸福的被控。

人都有趋利避害、保护自己的本能,当感觉到被控制让自己万分痛苦的时候,谁都会想尽办法逃离其中,但如果心甘情愿地被控,一定是其中有许多快乐和幸福,这样的被控,不逃也罢。

第十五章

为什么有时候会莫名其妙地厌世

　　不管多么空虚无聊，不管多么失落恐惧，不管多么痛恨这个世界，我们还是不舍得离开这个世界。但是，究竟是遇到了什么事情，遭遇到了多大的痛苦，人才有了离开这个世界的想法？究竟是心中有了多么难解的迷茫，人才有了厌世的情绪？究竟是什么样的一种心境把人带入了绝望的境地，让人不想活了，让人觉得活着比死去更难，活着比死更没有意思？让我们一起来解开人的厌世情绪。

有些"为什么"永远不能问

你问过自己这些问题吗："我是谁？我为什么活着？我活着的意义是什么？人生的意义是什么？爱情是什么？"你如何回答自己呢？

"我是谁？我不就是我自己吗？但我自己是谁呢？我自己不就是我吗？我……"你凌乱了。

"我为什么活着？因为爹妈把我生下来了呀，生下来我就得活下去。那我活着的意义是什么？活着的意义……活着的意义……我活着有什么意义呢？世界多我一个不多，少我一个又不少，你说我活着有什么意义？"唉，你觉得你活着真没什么意义。

"人生的意义是什么？"你不禁倒吸一口凉气，"人生的意义是什么？这问题太大了吧，人生的意义就是往前走呗，往前走就是人生的意义。反正我想停也停不下，人生会推着我往前走，难道，这就是人生的意义？"你迷惑了。

"爱情是什么？这个问题好像比较容易回答。谁没谈过恋爱啊，谁不知道爱情是什么啊。爱情应该是强烈的，天崩地裂的，互相吸引的，有来电的感觉的，但是，这样的爱情好像很容易分崩离析呀。那么，爱情应该是平淡的，像水一样无滋无味的，可是，很多人的爱情都被生活的平淡给毁了呀。那到底什么是爱情？不是有那么多爱情专家在告诉我们什么是爱情吗？但是怎么每个人说的不一样呢？到底什么是爱情啊？"你更纠结了。

这几个问题问一遍下来，会给你什么感觉呢？迷惑、零乱、纠结，更加不知道你是谁了，更加觉得人生没什么意义了，依然不知道什么是爱情，该追求什么样的爱情，总之，你陷入一片茫然中：活着有什么意思啊，什么都弄不清楚，什么都弄不明白，没意思，没意义，没劲儿……

你会一下子泄气了，没意思，不想活了，活着没意思。完蛋了，你把自己问进去了，你突然有了厌世情绪。

厌世？我们会伤心、空虚、失落、痛苦……但极少会厌世，不管我们活得多不快乐，我们仍然还是很想活在这个世界上。但现在突然产生了厌世的情绪，这实在是太可怕了，一个人都不想活了，都想离开这个世界了，你说还有什么比这更可怕的。

叶凡和朋友聊天："你说，人活着的意义是什么？"

"啊？"朋友张大了嘴巴，"你怎么问这么深刻的问题？"

"你说嘛，人活着的意义是什么？"叶凡继续追问道。

"你别问我，这是哲学家都回答不了的问题，我可回答不了。"

"唉，这些天我一直在想这个问题：人活着的意义是什么？人为什么要活着？"

"那你想出答案了吗？"朋友极有兴趣地问。

"想出答案了。"叶凡说道。

"那你说说，人活着的意义是什么？"朋友兴奋地问道。

"答案就是——人活着一点意义都没有！每天为了吃喝拉撒奔波劳作，说自己不想说的话，做自己不想做的事，过自己不想过的日子，委曲求全地苟活在这个世界上，最后赤条条地一个人离开这个世界，什么都没得到，什么都不能带走，你说人生有什么意义啊，活着有什么意思啊？"叶凡有点激动。

"嗯，你说得好像有道理。"朋友点了点头。

"唉，所以我觉得人活着好没意思。想到这些，我就觉得特别讨厌这个世界，特别讨厌活着。"叶凡情绪有些低落。

"啊，你不是……你不是厌世了吧？"

"是，这些天我确实有些厌世情绪。"

"别呀，"朋友着急了，"你还有父母、亲人、朋友，你还有我呢。我们都很需要你。你千万不敢有这种想法啊。"

"唉，就是因为有你们，我对这个世界还有些留恋，要不，我真想……"

朋友一把抱住了她："别，别，别，我还需要你呢，你可别离开我。你这是偶尔的，过几天就好了，过几天你会发现你还是很喜欢这个世界的。"

"也许吧，希望……"叶凡淡淡地说。

叶凡为什么会莫名其妙地厌世？是因为她觉得人活着没有什么意义，没什么意思。

确实，当人感觉到人生无意义时，的确很令人崩溃。人为什么能活着，不仅是因为人的肉体活着，更是因为人的精神感觉到了活着的价值和意义，人的精神有支撑，有活着的欲望。人一旦失去这个精神的支撑和活着的欲望，就会产生厌世情绪。

但是，人生究竟有什么意义？这个问题有答案吗？有，也没有。说有是因为每个人的答案都不一样，你可以说人生的意义就是吃喝拉撒，也可以说人生的意义就是追求自我的价值；你可以说人生的意义就是为自己活着，也可以说人生的意义就是为他人活着。总之，每个人都有自己认为的人生的意义。说没有是因为你可能会觉得吃喝拉撒没有意义，也可能觉得追求自我没有意义；你可能觉得为自己活着没有意义，也可能觉得为他人活着也没有什么意义。总之，你可能认为怎么活着都没有意义。

那么，千百年来，这个问题有统一的、准确的答案吗？哲学家们有令人认可的答案吗？没有！

人生的意义是什么？这个问题真的没有答案。人生不会给我们这个问题的答案，只有人能给予解答。但每个人理解的人生不一样，你的答案并非他的答案，所以，对于每个个人来说，这个问题永远无法从他人那里得到答案，只有你自己回答自己。也就是说你觉得人生有意义就有意义，你觉得人生是什么意义就是什么意义，你人生的意义是你自己赋予的。

但人生的意义究竟是什么？它既不是抽象的，也不是具体的；既不能单纯地向内在的自我寻找，也不能简单地向外界去寻找，它可能是两者兼而有之的。所以，这个问题是模糊的，不好回答的，没有答案的，而问这个问题也就没有了意义。

不但没有意义，还会把你带入一个思维的死胡同——在一个没有出口的胡同里去寻找出口，只会让你觉得是死路一条，于是，你产生了厌世情绪。

所以，"人生的意义是什么"这个问题不能随便问，当你问这个问题的时候，就是觉得人生没意义的时候，就是在怀疑人生的时候，而你不停地问自己这个问题，就是在不断地强调自己的怀疑，最后就会产生厌世情绪。

不但这个问题不能问，"我是谁？我为什么活着？我活着的意义是什么？爱情是什么？"这些问题也不能随便问，因为这些问题也同样没有答案。喜欢问这些问题的人，就是正在为这些问题纠结的人，而问这个问题反而会越问越纠结，因为你会得到关于这些问题的更多的说法，而这些说法会令你更加凌乱，更加没有答案，最后是一片迷茫，在人生的大海中失去了方向，也失去了希望——有了厌世的想法。

所以，这些"为什么"永远不要问，不问你才能更加踏实地活着，不问你才能更加真实地活着，不问你才能不再莫名其妙地厌世。

心无所寄，生命必将空虚

为什么我们会觉得空虚，为什么我们会觉得失落，为什么我们会觉得孤独，其实都是因为同一个原因——心中没有寄托，所以，当空虚、失落、孤独这所有的情绪叠加在一起发展到极致的时候，我们就会产生另一种情绪——厌世。

为什么心中没有寄托就会厌世？因为心中没有寄托，生命就失去了厚重感，就犹如失去了地心地引力一样，人就要飘走，心就要飘走——心无所寄，生命必将空虚。

没有寄托是可怕的，寄托是人的乐趣和希望，是人的爱之所在，是人的安慰和依靠，当这一切都没有了的时候，你说人还想活下去吗？

那么，究竟什么是寄托？寄托就是心灵的某种依靠，就是在你郁闷、伤心、迷茫需要安慰时，你心中幻想的依靠。寄托是一种源自于精神层面本能的需求，是将负面情绪疏导至被寄托处，以缓解内心的不安，寄托就是一种精神药剂。

那么，这些可以成为我们的寄托：工作事业带来的成就感，爱好兴趣带来的乐趣感，亲人朋友带来的需要感，感情带来的爱及被爱感，目标带来的希望感等等，如果人有这些寄托，那人的内心世界是极其充实、丰富、快乐和满足的，这个时候人是绝对不会有厌世情绪的。

所以，有精神寄托的人很少会对生存状态感到迷茫，他们内心踏实，较容易获得相对高效率、高品质的生活。因为他们每天要做的事情太多了，要享受的正面情绪也很多，他们不可能有厌世情绪。

寄托虽然是一种精神上的依靠，但却必须建立在具体的实物上，例如成就感必须建立在工作或工作目标的完成上，乐趣感必须建立在电影、音乐等爱好上，情感的寄托必须建立在某个人或物身上，一旦这些具体的实物消失或离开，寄托也会随之消失，这个时候，人也会有厌世感。

江峰，海归博士，论薪金、职业可谓金领，这是多少人羡慕的生活啊。可是，他却说："我厌烦了现在的生活，我甚至厌烦这个世界，我要出家，我要去当和尚。"

此言一出，身边的亲人朋友都吓坏了："你怎么会有这种想法啊。"

"我就是觉得没意思，感觉没有寄托了。"江峰说。

"没有寄托？你的事业、你的职位都到了一般人难以企及的高度，怎么会没有寄托呢？"朋友不解。

"就是因为什么都奋斗到手了，什么都有了，才不知道下一步的生活目标是什么了。原来我的寄托是我的工作和事业，是一个个奋斗目标，有了这些目标，我觉得明天充满了希望。但现在，我几乎所有的目标都实现了，我人生的欲望也全都实现了，该享受的东西我也都享受过了，我没有追求了，我好像觉得生活没有什么意思了。"江峰苦恼地说。

"哦，原来是这样，那你为什么不寻找新的寄托呢？"

"我还没有找到，我也不知道什么能成为我新的寄托，所以我想出家。"

像江峰这样的金领也会厌世，这让人觉得不可思议，可见没有寄托是多么可怕的一件事情。寄托是一种精神追求，它虽然建立在具体的实物上，但它却不是物质，物质不可能成为人的寄托，而是人对这个物质赋予了一种情感，这份情感才能成为人的寄托。

例如江峰，他的工作、事业、职位、薪水还在，但他的寄托却没了，因为他对工作的那份成就感没有了，这些物质、金钱、名利都不会再带给他满足，所以这些东西不会再成为他寄托的载体，而他又没有寻找到新的寄托和载体，所以，他产生了厌世情绪。

对人的寄托也是这样，如果我们把情感当作我们的寄托，友情、亲情或者爱情，当想起这个人时，我们就觉得幸福甜蜜，因为这种幸福和甜蜜我们觉得活着的感觉真好。但是，一旦某个人离开我们：朋友和我们决裂，亲人离开这个世界，爱人和我们分手，我们这份寄托就没有了，我们失去了这个人带给我们的这份感情，此刻的心中是空的，是不踏实的，是不快乐的，感觉到活着是没意思的，这个时候，就会在不知不觉中厌世。

所以，人不能没有寄托。

1.一定要寻找到自己的寄托

既然心无所寄，生命必将空虚，那么，我们就一定要找到自己的寄托。不管是工作、事业还是兴趣、爱好，或是友情、爱情、亲情，总之，总有一样能成为你的寄托。当我们空虚、失落、迷茫、痛苦时，我们的负面情绪有了转移的地方，寄存的地方，就不会让负面情绪整日纠缠着自己，也不会因负面情绪的强大而产生厌世倾向。

2.失去了原来的寄托，还可以找到新的寄托

有了寄托还会失去寄托，像江峰一样，当寄托失去的那一天，他依然感到了无生趣，那么这个时候唯有一个办法可以让他摆脱厌世情绪，那就是尽快找到新的寄托。例如，失去了工作带给你的寄托，那么你可以看书、旅游，或者找到另一个你感兴趣的领域重新发展事业；如果失去了爱人带给你的寄托，那么尽快投入下一段感情，让自己的情感世界充实起来。总之，找到能够使你产生兴趣、投入情感的事情或人，才会让你摆脱厌世情绪。

生命可以很轻飘，也可以很厚重；活着可以很有意思，也可以了无生趣，区别就在于你心中有无寄托。让心中充满寄托，别让生命孤单飘零。

当绝望感吞噬了你

人的生命脆弱又坚强，即便活着会有许多痛苦，但只要还有一丝希望，人都会坚强地活下去，但是，一旦这一丝希望都失去了，人便会有了放弃生命的念头。

连一丝希望都没有了，也就是说人已经到了绝望的边缘，当绝望感如洪水猛兽一般吞噬了自己的时候，人就会有离开这个世界的念头。

人在什么境遇下才会绝望？离婚、失恋、亲人死亡、众叛亲离、失业、破

产、学业一落千丈、患有绝症等等，在这些时候，人的失望达到了顶点，感觉到接下来无路可走，不知道明天该如何继续，产生了一种对人生、对未来的极端情绪——绝望。这个时候，人通常会痛哭流涕，排斥他人的安慰并产生轻生念头。

人一生都会失去很多东西，失望的情绪也会经常拜访我们，但是不是每次失望都会走向绝望，只有对那些抱有极大希望、极度渴望的事情失望，而最终得不到回应时才会产生绝望情绪。例如多次失败、生活的重创，都会导致最终的绝望。

绝望也是负面情绪中非常可怕的一种，因为它会导致另外一种更可怕的情绪——厌世。

绝望情绪的产生其实也来自于自信心的丧失：失恋，对爱情丧失信心；离婚，对婚姻丧失信心；失业，对前途失去信心；绝症，对活着丧失信心。这一切都会让人对生活丧失信心，最终导致对生命产生厌倦，走向厌世。

我已经几天没有好好吃饭了，奇怪，不吃饭我也不觉得饿。其实，我对吃饭已经没有欲望了，不光吃饭，我对这世界上的所有的一切都没有欲望了，工作、感情，我通通没有欲望了，我真想离开这个世界。

如果说我对这个世界还有什么留恋的话，那就是我的父母和孩子，父母年迈，孩子幼小，我舍不得他们。但是，我对这个世界绝望了。老公走了，孩子走了，他们带走了我的全部世界。我失去了丈夫、孩子、婚姻、家庭，我连工作都辞了。工作对我没有一点意义了，我也没有继续工作的动力了。

我最爱的老公，他就这么狠心撇下了我，还把我们唯一的孩子带走了，那我还有什么呢？一直以来，他们就是我的全部，我的希望，现在，我一无所有，没有人需要我，而我需要的再也回不到我身边了。我感觉我是多余的，肉体是多余的，生命也是多余的。我真想离开这个世界啊，谁能把我的生命拿走？

故事的主人公失去了家庭，失去了爱人和孩子，因此她绝望了，想离开这个世界。对爱人的极度失望，对未来不再有希望，这是她强烈的厌世情绪的来源。

人一生或多或少都经历过这样的时刻，曾经的希望变成了极度失望，犹如从天堂跌入了地狱，无法接受这样的事实。接下来就是对自我的强烈怀疑，认为变故的原因都是因为自己，是自己的错导致了变故的产生，因而感觉自己是多余的，没有活着的价值和意义，不如结束自己的生命。

绝望的意思其实就是断绝了希望。人生必须活在希望中，才有活下去的力量和勇气，因为希望代表着明天，我们是为明天而活。当感到明天无望时，我们就有了让生命结束在今天的冲动。这就是我们为什么会因绝望产生厌世的心理原因。

但其实，绝望都是人一时的错觉，是人的负面情绪冲击力太大了，一下子把人冲垮了，才会对明天丧失信心。事实上，事情和环境永远不会让人绝望，人生也永远不会绝望，只有负面情绪才会让人感觉到绝望。因此，人不会被任何事情打倒，只会被自己的情绪打倒。

那么，我们如何战胜自己的情绪呢？如何从绝望中重新找到希望呢？

1.从亲朋那里得到温暖和力量

不管人遇到了多大的挫折，永远能从一个地方得到温暖和力量，那就是亲人和朋友。即便带给你绝望感的正是某个亲人和朋友，你还有其他的亲人和朋友，他们永远是你力量的来源。所以，绝望的时候，千万不要一个人藏起来舔舐伤口，而是到他们身边去，进入他们的怀抱得到温暖和力量，亲人和朋友永远不会拒绝你。在他们那里你永远能够感受到活着的希望，而你的厌世情绪也会因他们得到缓解。

2.再次感受成功

绝望感来自于自信心的丧失，那么，想要赶走绝望感就必须重新找回丢失的信心，信心在哪里失去的就在哪里找回来。重新找到爱人，重新找到工作，重现完成学业，重新事业成功；也或者在另外一个领域找回自信，失恋了就在工作里找回自信，失业了也可以在爱人面前找回自信。总之，要让你再次感觉到成功的滋味儿，重新唤起你对生活的信心和对明天的希望，有希望，自然不会再厌世。

3.相信希望生于绝望

其实，所谓绝望，正代表着希望曾经存在，没有希望就不会有绝望。既然绝望生于希望，希望死于绝望，那么我们仍然可以让希望从绝望中重生。因为，只要人活着，就永远没有绝望，永远没有绝望的困境，只有绝望的人。绝望不是来自于现实世界，而是来自于你的心中。只有在你绝望的心中重新种植希望的种子，绝望的情绪才会离你而去，才会不再总是莫名其妙地感觉到厌世。

人永远不会败给现实，只会败给自己不够强大的内心，所谓绝望感都是自己赋予自己的，因此，别让绝望感吞噬了自己，赶走绝望，找回希望，你会重新爱上这个世界。

我把自己弄丢了

我们说"心无所寄,生命必将空虚",人要活得快乐和幸福必须心有寄托。什么可以成为我们的寄托?工作、爱好、感情、家人、爱人、孩子等等。很多人、事、物都可以成为我们的寄托。但我们看看这些,似乎都是"外物",都和自身没有直接的关系。工作会失去,爱好也有可能改变,家人和孩子也有可能离开我们,至于爱情或爱人就更脆弱了,他们随时都会抛弃我们,那么,把这些当作我们的寄托,能在任何时候都依赖他们吗?当我们失去我们的寄托之物时,我们去哪里寻找自己的寄托呢?

这,真是个问题!人应该去哪里寻找真正的永远不会离开自己的寄托呢?别再把眼光投向别人或者别的东西了,把眼光投向自己,其实,人真正的寄托不是别人,也不是工作、爱好等,而是自己。自己才是自己的寄托,自信、坚强、乐观、豁达、积极向上才是人真正的寄托。一个拥有丰富的、立体的、勇敢的自我的人才会是自己永远的寄托,只有自我永远不会离开自己,才能在任何时候、任何情况下都能成为自己的寄托。

但是,好多人为什么还会有厌世情绪呢?在他们为失去痛苦万分的时候,为什么不把自己当作自己的寄托,依赖自己好好地活下去呢?这是因为——他们把自己也弄丢了。

　　他们把自己也弄丢了，他们失去了自我，这个时候的"自我"是空虚的、脆弱的、自卑的、消极的、颓废的，混沌的、迷茫的，甚至是麻木的，什么都感觉不到的，一个没有自我的人没办法依赖自我，当他们没有什么东西可以依赖的时候，他们就想离开这个世界。

　　在现代社会，终日混混沌沌没有自我的人不少，偶尔迷失失去自我的人也有，所以，人就有了厌世的念头。

　　迷失自我，有的人觉得这不是什么大事儿，他们会觉得什么自我啊，说得那么抽象干吗，我没有自我还不是活着，我有手有脚能呼吸我就能活着。没错！你这样是能活着，但是，当有一天，你遭遇到重大的挫折和打击的时候，你没有那个坚强、自信、勇敢的自我所依靠，你靠什么活着？

　　我是个家庭主妇，不，应该说我曾经是个家庭主妇，现在，我是个弃妇，没错，我离婚了，被老公抛弃了。

　　刚刚离婚的那一段时间，我天天是以泪洗面，我不知道该如何活下去，我几次想离开这个世界。结婚这么多年我一直依赖老公，经济上依靠他，精神上也依靠他，我什么心都不操、什么事情都不想，反正有他在呢。

　　有一次老公和我开玩笑说："如果有一天我不在你身边了，你会怎么办呢？"

　　我想都没想答道："我才不去想怎么办呢？因为你不会离开我的。"

　　现在想来，老公当时的这个问题就是在给我暗示：他有一天会离开我的。

　　果然，这一天变成了事实，他真的要离开我了，我哭着问他："为什么？为什么要离开我？我做错了什么？"

　　他说："你没做错什么，如果说你真的做错了什么，那应该是你失去了自我，一个没有自我的你，我不知道该如何去爱你。"

这是什么烂理由啊，我不能理解，但我阻止不了他离开我的脚步，我也阻止不了自己厌世的情绪，一个失去自己全部世界的女人，我找不到一个继续活在这个世上的理由。当我在混混沌沌中想自生自灭的时候，老公的一句话在我耳边响起："一个没有自我的你，我不知道该如何去爱你。"

　　"没有自我？"我没有自我吗？我一个重点大学的毕业生，我没有自我吗？我曾经被老公形容为知性美女，我没有自我吗？可是，老公却说我没有自我，我是从什么时候失去自我的，那个青春、阳光、乐观、自信、潇洒的我什么时候失去了？我曾经一度以为我有没有自我没有那么重要，我有老公就可以了。但现在才明白，人永远不能依赖别人，人只能依赖自己。

　　谁都会离自己而去，只有自己不会离自己而去，我想要活下去，更好地活下去，就必须依靠自我活下去，我要把那个独立、坚强、乐观向上的我重新找回来！

　　失去自我是可怕的，一个没有自我的人，自己也无法喜欢自己；一个没有自我的人，别人也不会爱。没有人会喜欢一个没有灵魂的肉体，同样，一个人也无法依赖一个没有灵魂的自己。

　　迷失自我，这是一个可大可小的事儿，没有自我，同样也能活着；但迷失自我，在失去寄托的时候，无法很好地活下去，很可能会产生厌世的情绪。

　　一个迷失自我的人，没有了坚强、自信、勇敢、乐观的灵魂和精神，就失去了感知这个世界的美好的能力，也失去了创造这个世界的美好的能力，更重要的是失去了化负面情绪为正能量的能力，这就是一个没有自我的人有厌世念头的原因。

　　你呢？你的自我还在吗？也许，你从来都没有问过自己这个问题，也可能你好久都没有问过自己这个问题了，如果你听到这个问题会犹豫、发愣，那你也要好好找找你的自我了，你的自我可能也快要丢失了。

　　如果你很迅速地回答了这个问题："当然！我的自我一直好好地跟我在一起

呢。"那么，恭喜你，你有很清晰的自我意识。只有具有清晰的自我意识的人，才不会轻易地放弃自己的生命，因为他还想要去改变这个世界、创造这个世界、享受这个世界……他不愿意离开这个世界，因此，什么时候他都不会有厌世的情绪。

所以，如果你现在有厌世的情绪，那么赶快问一问自己你是不是把自己弄丢了，赶快想办法把自我找回来吧。

但是，人该如何找回自我呢？

1. 重新回忆那个意气风发的你

每一个人都有乐观积极的一面和乐观的时候，回忆一下，青春的你是什么样的？热情洋溢、激情四射、意气风发，每天都充满了活力和向上的力量，那时候的你是不是连你自己都爱得不得了？这样的你什么时候失去了，被一个消极、颓废、空虚、脆弱的你代替了？你想让那个意气风发的你陪你继续在这个世界上旅行呢，还是让那个消极、颓废的你带你去另一个世界呢？相信每一个都会作出正确的选择，因为一个"好"的自我谁都不忍放弃。

回忆那个意气风发的你，让它重新回到你的肉体中，让你成为一个有血有肉有灵魂的"自我"，这样的一个自我很难有放弃自己生命的念头。

2. 你的理想和梦想呢

当你有厌世情绪的时候，你可能忘记了一切，你曾经的理想和梦想呢？都实现了吗？什么时候被你丢到九霄云外了？你这样厌世，放纵自己，对得起曾经充满理想的你吗？你的理想和梦想都还没有实现，你没有资格离开这个世界。离开这个世界太容易了，但实现理想太难了，你现在是要逃避困难，做一个懦弱的你。如果你承认你是懦弱的，那么你离开这个世界吧；如果你还记得你的理想，那么带着你的理想好好活在这个世界上！

别把自我弄丢了，它才是你最好的依赖，靠着它，你能活得安心、活得踏实，不会莫名其妙地厌世。

第十六章

为什么有时候会莫名其妙地嫉妒

"强中更有强中手,总是有人比我更强,唉,心里真不舒服。我最优秀,你凭什么破坏我的优越感?这是我苦苦奋斗的东西,凭什么你能拥有,我不能?"人有时候就是会这样莫名其妙地嫉妒。嫉妒,是因为你为自己设置了一个假想敌,你总是在不知不觉和他比较,羡慕他,哀叹自己;嫉恨他,埋怨命运。其实,他没错,你也没错,命运更没错,一切都很公平,各自有各自的路。他先成功了,接下来你也会成功;他在这方面得到了,你会在另一方面得到,谁嫉妒谁,都没有必要。

为什么你比我强

从小到大，我们嫉妒过许多人，我们嫉妒小朋友手里有漂亮的娃娃，我们嫉妒同学的学习成绩比自己好，我们嫉妒同事比自己的工作能力强，我们嫉妒闺蜜比自己更漂亮，嫉妒闺蜜的老公比自己的老公更体贴温柔……

但是，我们发现，我们怎么不嫉妒电视里的那个小朋友手里的娃娃，我们怎么不嫉妒那个少年天才的学习成绩比自己好，我们怎么不嫉妒企业家的工作能力比自己强，我们怎么不嫉妒女明星比自己漂亮，我们怎么不嫉妒英国王妃的老公比自己的老公更体贴温柔？

你会告诉我："这有什么好嫉妒的？根本就不在一个领域、一个等级啊。"

是的，我们之所以会嫉妒这个人不嫉妒那个人，是因为我跟他是一个领域、一个等级的。我们只会嫉妒和自己同等水平或同样状况的人。

嫉妒心理是具有等级性的。举个最明显的例子，周瑜不嫉妒刘备、曹操、孙权，却只会嫉妒诸葛亮，这是因为诸葛亮和他处于同等的位置且能力比他强，所以他才会嫉妒诸葛亮。

这就说明了人的嫉妒看似莫名其妙，其实一点都不莫名其妙。如果周瑜嫉妒孙权、皇上嫉妒白雪公主，那才是莫名其妙。

所以，当两个男人同时追求一个女孩的时候，当两个人同时竞争一个职位的时候，当两个女孩穿了同样一件衣服的时候，这两个人之间都会产生嫉妒心理。

但是，人只会嫉妒与自己处于同一领域或同一等级并比自己强的人，而不会嫉妒这个领域这个等级比自己弱的人，也就是说人嫉妒的根本原因是——你比我强。

我有一个好朋友，从小一起长大，一起上学，又特别谈得来，我们俩的感情一定很不错。我们从没吵过架、闹过别扭，不管她遇到什么事情，只要我能帮得上忙的，我从不犹豫。在各自的工作、感情、家庭和生活上面，我们也经常给对方出主意，遇到困难相互鼓励，可以说，是感情相当好的一对朋友。

可是，只有我自己心里知道，我对她有一种不能说是龌龊但也是不太好的心理，那就是嫉妒。是的，我从小到大都嫉妒她，在一些大事上嫉妒她，在一些小事上也嫉妒她。比如她家境比我好，长得比我漂亮，学习成绩虽然我俩差不多吧，但她更幸运考上了一所非常好的学校，因此她的工作也比我好，收入比我高。最让我嫉妒的是，她有一个对她特别好的男朋友，当然，这个男朋友现在已经成了她的老公。而我呢？在感情路上一直比较坎坷，至今单身。

最最重要的是，她现在有房有车有老公，拥有了很高的生活质量，这一切都是我所羡慕的。虽然她一直对我很好，心里也很在乎我这个朋友，但我对她所拥有的一切总有着酸溜溜的感觉，总在想："为什么她哪方面都比我强呢？我也不差，我也一直在努力，但为什么总是不如她呢？命运为什么对我这么不公平呢？"

所以，每当看到她幸福、快乐的样子，我既为她高兴，同时又有些排斥和抵触，我这种复杂的心情就连我自己都无法理解，也无法控制。

我这种嫉妒的心理没有告诉任何人，别人一定想不到我会嫉妒我最好的朋友，但是，这种嫉妒的心理确实一直存在，虽然没有影响我们的友情，但却影响了我的心情。

"我"嫉妒自己最好的朋友，这可能令许多人都没有想到，也让她自己有点无法理解。但这确实是人的正常心理，人会嫉妒比自己强的人，尤其是最亲近的人，八竿子打不着的人才不会嫉妒。因为嫉妒，她有了埋怨自己、埋怨命运甚至抵触朋友的负面情绪。

那么，到底什么是嫉妒呢？嫉妒就是由于别人胜过自己而引起抵触的消极的情绪体验。当看到别人比自己强时，心里就酸溜溜的不是滋味儿，于是就产生一种包含着憎恶与羡慕、愤怒与怨恨、猜嫌与失望、屈辱与虚荣以及伤心与悲痛的复杂情感，这种情感就是嫉妒。

嫉妒这种情绪很奇怪，我们可以无私地去帮助弱者，但我们无法容忍别人超过自己。这究竟是什么原因呢？因为帮助他人显得我们很伟大，而面对比自己强的人却会让自己显得非常渺小和无能。

人天生就有一种强烈的自我为尊的意识，一生下来就有，觉得自己是最重要的，是最强的，别人不能侵犯自己的这种感觉。当别人把自己当成是最重要的人，或自己认可自己是最强者时，人会感到喜悦、高兴。若相反，人就会觉得自卑、伤心、烦躁，伴随而来的还有痛苦。

当与自己处于同一领域的人在某方面比自己强时，会很挫伤自己强烈的自尊心，让自己感到不快乐、非常痛苦。在这种情绪的刺激下，人甚至还会产生报复心理，轻者可能会疏远这个人，重者可能会对他进行攻击、谩骂等身体和心灵的伤害。

害怕别人得到自己得不到的东西，自己做不到的事希望别人也不要做成，自己得不到的东西希望别人也不要得到，这就是人的嫉妒心理。

那么，我们怎样才能停止或者减少嫉妒心带给自己的伤害呢？

1.自己身上一定有比他人强的地方

我们总是嫉妒比自己强的人，其实你仔细审视一下自己，你身上一定有比对方强的地方，也许很少，也许很细小，但一定有，只是你一直未曾发觉。同时，你再仔细审视一下对方，他身上一定有不如你的地方。人就是这样，总会无意识地放大他人强的地方，总想要自己应该在任何时候、任何地方都比别人强，但这是不可能的。多看看自己的长处和优点，你一定能找到自己比他人强的地方，没准儿你在嫉妒别人的时候，别人也在嫉妒你呢。

2.心胸宽广，接受现实

也许别人真的在某方面或者各方面都比你强，那这又有什么办法呢？你只有接受现实。嫉妒除了让你过得不痛快之外，没有任何好处。嫉妒也许还会毁了你自己，就像周瑜嫉妒诸葛亮一样，竟然因嫉妒郁郁而终。所以，嫉妒的情绪很可怕，它能毁人毁己。面对比自己强的人，别无他法，只有让自己保持宽广的胸怀，容纳他人的强大，才能让自己不被嫉妒心所伤害。你的能力没有别人强大，那就让你的内心比别人强大，心胸宽广就是一种内心的强大。

接受别人比自己强的事实，同时善于发现自己比别人强的地方，放下自己过强的自尊心，不要总是拿自己和他人比较，拥有宽容的内心，才能不再轻易地被嫉妒的情绪绑架。

我的优越感被你破坏了

小时候，我们都经历过这样的情形：看到自己的爸爸妈妈抱别的小朋友，自己就很不乐意，会走过去推开那个小朋友，不让父母抱他。但那个小孩自己的父母抱他时，自己则不会有一点不开心。这是因为什么呢？因为前者使自己产生了嫉妒心理，而后者顶多让自己感到羡慕而已。

为什么同样是抱这个小朋友会产生这两种不同的心理呢？因为自己的父母抱别的小朋友破坏了自己的优越感。自己的父母最爱自己、最在乎自己，所以，自己在自己的父母面前有一种优越感，而自己在别人的父母面前不具有任何优越感，嫉妒心就来自于那个小朋友破坏了自己的优越感。

按照这种逻辑你就会发现，许多时候的嫉妒感都来自于被破坏的优越感。例如自己本来是父母的最爱，可突然来了一个弟弟或者妹妹抢走了自己在父母心目中的地位，这个时候，自己对弟弟或者妹妹就会产生嫉妒的心理。也可能是这样，自己是上司手下的得力干将，公司的灵魂人物，可突然来了一个同事，比你更能干、更出风头，这个时候，你就会非常嫉妒他。

嫉妒心不仅仅来自于别人比自己强，还来自于自己拥有的地位、待遇被打破了，这个时候，人的心里就会产生一种酸溜溜的、不舒服的感觉。

看着这个女孩子在公司里如鱼得水，备受欢迎，李倩心里很不舒服："凭什么她一来这么多人都围着她，众星捧月一样，这可是我的待遇！"

的确，以前，李倩是公司所有同事的中心，这些人原本都是她的追随者。她优雅大方，聪明能干，一直很受大家的喜爱和欢迎。但是，公司最近新来了一个女孩子，让她的地位受到了威胁。这个女孩外形靓丽、性格开朗，名校毕业，工作能力也很强，很快就和公司同事打成了一片，并成了所有男同事的中心，这让李倩非常嫉妒。

她原来非常享受上司夸奖、同事追捧的感觉，但现在没有人夸奖、追捧她了，他们转移了目标，她的风头被别人抢走了，这让她感到特别失落，心里愤愤不平："你有什么啊，你有我为公司贡献得多吗？你有我和同事们的关系好吗？你有我更受上司的喜欢吗？不就是仗着年轻漂亮吗？有什么啊？"

其实，这个新同事和她都没说过几句话，和她没有任何摩擦，但她每次看到这个女孩都觉得心里很不舒服，恨不得她马上从这里消失。

李倩的嫉妒是因为什么？很明显，这个新来的女同事打破了她在上司和同事面前的优越感。

在这个时候，嫉妒就是优越感被破坏后的心理反应，这种感觉就犹如自己心爱的东西被抢走了一样，心里特别不舒服，很想重新夺回来。而现在，李倩的感觉就是："我的优越感被你抢走了！"

其实仔细琢磨一下，优越感也是一种"唯我独尊"的自我意识——我是最好的、最受欢迎的、最得到重视的，它是一种无意识地蔑视他人或自负的心理状态。其实，很多人都会不同程度地拥有某种优越感：家境优越感、学历优越感、职业优越感、长相上的优越感、身份上的优越感等。

例如，职业优越感，一个月薪上万的人在拿几千元的人面前会感觉非常良好；长相上的优越感，长得漂亮的女人在长相不那么漂亮的女人面前就会有一种优越感；还有学历上的优越感，一个名牌大学毕业的学生在一个普通大学毕业的学生面前一定特有优越感。

我们在一个特别有优越感的人面前会产生嫉妒心理，因为对方比我们强；同样，当我们打破了他人的优越感的时候，他也会产生嫉妒心理。比如，那个月薪千元的人努力奋斗，有一天达到月薪两万的时候，那个月薪上万的人就会对这个当初月薪千元的人非常嫉妒。

所以，为什么有些美女不愿和美女做朋友呢？因为这样在彼此面前都显示不出自己的优越感来，都会互相竞争别让对方打破自己的优越感，那就会弄得很累、很不快乐，说白了，都是嫉妒心在作怪。

其实，优越感不是一样特别好的东西，因为它会使他人对你产生嫉妒，随之敬而远之，使你逐渐失去朋友。也会让你不断地试图维护你的优越感，恐惧被他人打破，一旦被打破又会因此产生嫉妒心理。

因此，想要消除他人对你的嫉妒或你对他人的嫉妒，我们首先应该摒弃内心的优越感。

因为，优越感其实是很轻浮的一种自我意识，这种自我意识会成为你和他人交往的障碍。当你在他人面前表现较为强烈的优越感时，别人会对你产生嫉妒心理；同时，因为你有优越感，当被打破时，你也较容易产生嫉妒心。因此，优越感既会伤害他人也会伤害你自己。所以，要学会收敛或者隐藏自己的优越感，最好是不要滋生主观的优越感，你才可以在身心内外的两个世界中找到平衡点，不容易因此而嫉妒。

一个有修养的人会正确看待自己身上比他人更优秀的地方，不会因此就盲目地产生优越感，更不会随便炫耀自己的优越感。因为那种明显外露的优越感是一种自大、自负、狂傲，会让人很不舒服。优越感一旦失去，也会让你自己不舒服。那些真正有涵养的人都是外表谦和、内心骄傲的人，不会轻易表现自己的优越感以讨人嫌。

人之所以会莫名其妙地嫉妒或被他人嫉妒，都是因为不正确的心态和不成熟的处世态度。人生来平等，即便家境、生活环境、生活境遇不太一样，但在自尊面前人人平等，没有必要向他人炫耀自己，这只会让彼此滋生嫉妒的心理。放下自己的优越感，才能消除莫名其妙的嫉妒心理。

你拥有了我想拥有的东西

当我们特别渴望的东西，苦苦追求的东西，别人拥有了，我们会有一种什么感觉？嫉妒。或许有人会说，这不是嫉妒，这是羡慕。的确，也有可能是羡慕。但是，究竟是羡慕还是嫉妒，恐怕只有自己才清楚，或许，自己一时之间也分辨不清楚。

那让我们先来看看什么是羡慕，什么是嫉妒。羡慕是对他人的幸福的一种认同和接受，同时包含着对他人的祝福，羡慕是一种积极情绪。而嫉妒则是对他人的幸福感到不舒服，一种排斥和蕴含着对他人幸福的破坏倾向，并对自己所谓的不幸深感无奈的一种心态，嫉妒是一种消极情绪。

表面看来，两者都是他人的拥有在内心当中的反映和体验，只是表现形式不同，羡慕是一种欣赏、祝福、褒扬式的，嫉妒则是一种对立、攻击、诋毁式的。面对同样一件事情，有人会羡慕，有人则会嫉妒，为什么会产生完全不同的心理呢？在于人的心理素质不同、人格品质不同、文化修养不同。

羡慕和嫉妒有时很相似，总是结伴或先后而来，开始可能是羡慕，然后慢慢会演变成嫉妒，可以说，羡慕会衍生成嫉妒，嫉妒是羡慕的终极状态。

所以，当我们看到别人拥有了自己特别渴望的东西时，如果除了欣赏和祝福，心中没有不舒服的感觉，那么你是羡慕；如果你有排斥、抵触甚至想要破坏的情绪时，你就是嫉妒。

我和周志是大学同学，关系一直不错，毕业后我们俩一起进了这家公司，同为职场菜鸟，两个人又是同学，所以平时都会互相关照，互相鼓励。周志事业心很强，很想在工作上早日做出点成绩，而我呢，家境不是太好，所以更希望在工作上有突出表现，早日实现升职加薪的愿望。所以，我俩对工作都非常努力，经常一块加班，感觉像一个战壕里的兄弟，彼此之间的情义似乎又增加了几分。

半年后，周志有一个跳槽的机会，他没有犹豫，去了另一家公司，在那里他发展得很顺利，很快做了主管，薪水涨了不少，几乎是我的两倍。周志很高兴，特意请我吃饭喝酒庆祝，我当然也为他高兴，升职加薪是我俩共同的梦想，看到兄弟能实现梦想，我当然为他高兴。

之后我俩也经常来往，一起吃饭，出去玩什么的。原来我俩都没什么钱，在一起吃的用的都比较寒酸，现在他的薪水高了，就经常带我到高档一点的地方消费，还总是他埋单。开始我还能接受，但渐渐地我感觉特别不舒服：为什么总是要他埋单，他老带我到高档的地方消费，是在炫耀吗？就因为他工资高点吗？我也很希望有高收入，为什么我就没机会呢？为什么一起努力的事情，别人能实现我就不能实现呢？

我很郁闷，这以后，每次看到他来找我，我都不愿意和他出去，还总是说："算了，俺这穷光蛋去不了那高档的地方，也没资格老花你的钱，你自己享受吧。"弄得周志莫名其妙，不知道我这是怎么了。

虽然刚开始，"我"对周志并不是嫉妒，而是羡慕，但随着周志的某种优越感表现出来，"我"开始变得自卑，产生了排斥、抵触、郁闷等负面情绪。

不知你是否有过这样的经历和体会，当某个人和你的境遇差不多的时候，你会和他相处得很好，但一旦他拥有的东西比你多时，特别是拥有了你特别想拥有的东西时，你倒开始远离他，这就是因为嫉妒，你嫉妒他拥有的东西你没有。

例如你们俩都是光棍，天天混在一起，哀叹没有女朋友的寂寞，有一种"同为天涯沦落人"的感觉。突然有一天有一个人有了女朋友，天天像掉在蜜罐子里一样，幸福得要命，另一个人这个时候那个嫉妒呀，恨不得把他们俩拆散了才舒服，或许这种心理就是我们常说的"羡慕、嫉妒、恨"吧。

嫉妒不仅让自己变得不快乐，也会影响自己和他人之间的关系，严重的嫉妒心会促使自己做出破坏他人的成功和幸福的举动，也会影响自己前进的脚步。因此，我们要想办法控制自己的嫉妒心。

1.把关注别人的眼光收回来

我们之所以会嫉妒别人，是因为自己的关注点发生了偏离。我们应该多关注自己的工作、生活，而不是过于在乎别人的得到。别人拥有了什么和自己没多大关系，用别人拥有的去比较自己无法拥有的，这是自讨苦吃，转而又愤愤不平去嫉恨他人更是一种不健康的心理。

与其这么关注别人而失落不平,不如努力追求自己想要的东西,不要被别人打乱自己的脚步,按照你的路线,脚踏实地往前走,多关注自己该怎么努力、如何走好每一步,为自己的每一个小小的进步喝彩,你哪还有闲工夫去嫉妒别人呢。

2.嫉妒能成就"狗熊"也可以成就英雄

思想家罗素曾经说过:嫉妒的一部分是一种英雄式的痛苦的表现。人们产生嫉妒时,确实比较痛苦,那种嫉恨别人哀叹自己的情绪会让自己走向毁灭,但是,嫉妒也会让你走向一个更好的归宿——适当的嫉妒促使你产生一种超越他人的能量,促使你飞跃式的进步。

所以,嫉妒能成就"狗熊"也可成就英雄,就看你是陷入嫉妒的情绪中无法自拔,还是从嫉妒的情绪中一跃而起,化嫉妒为爆发的正能量。

借嫉妒心理去奋发努力,升华这种嫉妒之情,把嫉妒转化为成功的动力,化消极为积极,这是我们面对嫉妒的正确态度。做情绪的主人,莫做情绪的奴隶,任何时候,这都是我们面对情绪的正确态度。